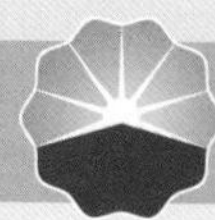

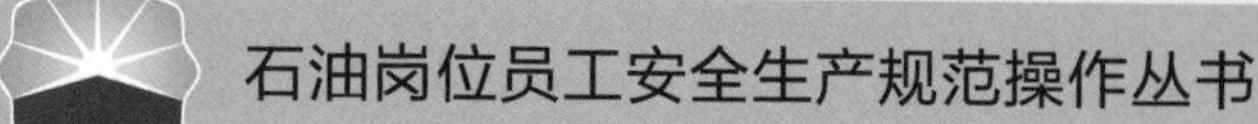

采油安全经验分享100例

中国石油新疆油田公司
采油技能专家（大师）工作室 编著

石油工业出版社

内 容 提 要

本书将采油一线员工看到、听到的或者亲身经历的有关安全、环境和健康方面的事故、事件及经验做法收集并进行总结，还原事件经过，分析导致事件发生的原因，归纳总结经验教训，提出预防控制措施和改进作业程序的建议，并创作与事件内容相符的安全漫画，再配以顺口易记的三字警示语，从而使广大员工在学习中交流，在分享中提高，相互启发、相互教育，吸取事故教训，深刻认识违章操作、违章指挥、违反劳动纪律和各类事故隐患所带来的危害。

本书可供石油企业采油一线的操作人员和管理人员参考使用。

图书在版编目（CIP）数据

采油安全经验分享100例／中国石油新疆油田公司，采油技能专家（大师）工作室编著．—北京：石油工业出版社，2017.7
（石油岗位员工安全生产规范操作丛书）
ISBN 978-7-5183-2058-5

Ⅰ．①采… Ⅱ．①中…②采… Ⅲ．①石油开采－安全技术－经验
Ⅳ．① TE38

中国版本图书馆 CIP 数据核字（2017）第 176310 号

出版发行：石油工业出版社
（北京安定门外安华里 2 区 1 号　100011）
网　址：www.petropub.com
编辑部：(010) 64523562
图书营销中心：(010) 64523633
经　　销：全国新华书店
印　　刷：北京中石油彩色印刷有限责任公司

2017 年 7 月第 1 版　2018 年 6 月第 2 次印刷
889×1194 毫米　开本：1/32　印张：6.25
字数：105 千字

定价：50.00 元
（如出现印装质量问题，我社图书营销中心负责调换）

《石油岗位员工安全生产规范操作丛书》编审委员会

总 策 划：邬　瑛　霍　进

策　　划：阿不都沙拉木·库尔班　王正才

技术顾问：孙孝真　张金力　也塔红·阿不都古

审　　核：高玉春　袁东亮　龙　燕　张伟新
马　宁　顾雪峰　班长征

《采油安全经验分享 100 例》编　写　组

主　　编：李海军

编写人员：陈　辉　何　静　寇秀玲　刁望克
李爱华　王桂兵　张建民　朱安江
魏昌建　张　军　陈其亮　靳光新

前　言

作为一个“负责任，有担当”的大型石油企业，企业关注安全工作不仅是企业自身发展的需要，也是树立企业良好外部形象的需要。多年来，新疆油田公司一直在安全文化建设上不断探索，构建有自身行业、地域特色的安全文化。企业较早地提出了“管工作必须管安全，管业务必须管安全”的安全管理理念，在安全责任落实上层层分级担责，开展班组安全自主化建设，夯实班组管理基础工作，开展安全经验分享，力争企业的安全工作不断提升。

为什么要编写《石油岗位员工安全生产规范操作丛书》呢？主要是基于这样的考虑：一是公司多年来在健康、安全和环境方面取得了一定的成绩，同时也发生了一些事故、事件，有必要从公司层面上对这些事故、事件进行系统的整理和分类，以提供给一线的员工进行学习和分享，从而吸取教训，改进工作方法，落实安全措施；二是公司一直致力于提高一线员工培训学习的针对性和有效性，特别是开发出受一线员工欢迎、能有效针对一线工作实际的班组安全培训的系列丛书，加强对班组安全文化建设的支持力度，提升班组的健康、安全和环境管理工作水平；三是本着事故、事件就是资源的理念，从这些资源中找到事故、事件发生的原因和规律，并进行提炼，编写一本携带方便、通俗易懂、语言精练，便于利用零散时间进行学习的书。

每一位员工都是企业安全基础工作的一个细胞，只有每个员工安全了，班组才能安全，每个班组安全了，每个单位才能安全，每个单位安全了，企业自然就安全了。因此，每一位员工的安全意识、作业行为习惯都关系着企业的安全。在社会化生产分工越来越细的今天，每个员工所从事的作业只是企业生产中的一个环节，其作业的安全对下一个工序环节的安全将产生影响，因此要求每个员工不仅要关注自己作业环节的安全，还要做好下一作业环节安全交底工作，并关注工作伙伴的安全，相互提醒和学习，最大限度地防范安全事故的发生，这也是编写本书的目的所在。

本书按设备类、电气类、特种作业类、交通类、工具类和其他类对事故案例进行了分类，便于大家有目的地学习和分享，在数量的比例构成中设备类案例占比较大，也是考虑了一线员工的作业特点和企业的实际情况。

本书的编写得到了新疆油田公司相关部门的大力支持和专业指导，每位编者也付出了辛苦的汗水和努力。

由于编写水平有限，疏漏和不足之处还请专家和读者批评指正，以望在再版时更正。

目 录

一、设备类案例

二、电气类案例

六、其他类案例

一、设备类案例

生产是花，安全是根；要想花美，必须强根。

违反规程，祸不单行；措施到位，杜绝危险。

“三违”不反，事故难免；严守规章，安全无忧。

安全规程，坚决执行；融入心中，化为行动。

1. 抽油井光杆掉入井筒

◆ 事件经过

某日，两名操作人员对某抽油井进行碰泵操作，卸悬绳器上方光杆卡子时，在卸松光杆卡子紧固螺栓一瞬间，光杆突然向下滑动掉入井筒中，当时就看见一股原油从井口填料盒中喷涌而出，喷溅了其中一名操作人员的全身。

◆ 原因分析

在卸悬绳器上方光杆卡子前，没有确认并检验下方卡子是否打紧打牢。

◆ 防范措施

在卸悬绳器上方光杆卡子前，应首先确认并检验下方卡子是否牢固，再卸上方光杆卡子。

◆ 警示语

卸卡子　先确认　次检验

载荷移　无滑动　再操作

2. 抽油井光杆断裂

◆ 事件经过

两名操作人员在抽油井进行上提反馈泵的操作过程中，一人按启停按钮对抽油机卸载，另一人监督配合。在卸载过程中，由于光杆顶部碰到抽油机“驴头”上的悬绳器悬挂盘，只听“当”的一声，光杆受到抽油机“驴头”下行的撞击从中折断，断截光杆在空中摇晃，幸好悬挂在悬绳器当中没有掉下来，否则就会砸在另一名配合操作的人员身上。

◆ 原因分析

（1）在抽油机卸载操作过程中，人员点刹车与制动按钮不同步，无法停车在理想位置。

（2）光杆上部未安装防撞弯装置。

◆ 防范措施

（1）操作前应熟知光杆碰到悬绳器悬挂盘的风险，熟知风险的防范措施，操作过程中平稳操作，注意监督

配合。

（2）在上提反馈泵的过程中，光杆顶部与悬绳器悬挂盘交叉处应小距离上提或下放，且光杆上部应安装防撞弯装置，避免光杆上部碰撞“驴头”悬绳器的悬挂盘。

◆ **警示语**

点刹车　上提泵　心眼手　配合好

3. 抽油井碰泵曲柄滑动

◆ **事件经过**

某日，两名操作人员去某抽油井进行碰泵作业，在卸载过程中，因“驴头”所停位置极其接近下死点，点抽卸载距离小，一名操作员工就采取双手盘动皮带的方式进行“驴头”载荷的卸载，另一名操作员工配合控制刹车。在操作过程中，盘皮带的员工因脚下打滑，手突然松开皮带，而配合控制刹车的操作员工没有注意到，未能及时刹车，抽油机曲柄从盘皮带的操作员工头顶上快速滑过，险些砸在该操作员工的头上。

◆ **原因分析**

（1）停机时，“驴头”位置未停在方便操作处。

（2）在卸载过程中，野蛮操作，用双手盘动皮带进行卸载，属违章行为。

（3）两人配合作业时，相互安全监护不到位。

◆ **防范措施**

（1）严格按碰泵操作规程作业。

（2）操作时严禁站在曲柄旋转范围内，杜绝违章作业。

（3）两人配合作业时，必须熟知操作规程，相互监督、相互提醒，做好安全监督工作。

◆ **警示语**

停机位　不合适　莫操作　重新停

两曲柄　范围内　莫站立　记心中

4. 抽油井填料盒压盖掉落砸手

◆ 事件经过

某员工在实习期间，冬季巡检时，发现一抽油井井口密封填料盒渗漏，在对该井更换填料时，临时用一节废弃的铁丝代替悬挂填料盒压盖的挂钩，由于铁丝断脱，填料盒压盖滑落，导致员工右手食指砸伤。

◆ 原因分析

工具用具准备不齐全，用废弃的铁丝代替悬挂填料盒压盖的挂钩，属违章操作。

◆ 防范措施

操作前，工具用具准备齐全，劳保用品穿戴整齐，严格按照操作规程操作。

◆ 警示语

抽油井　换填料　填料盒　用挂钩

悬挂时　要牢靠　防掉落　不违章

5. 输油泵误启动损坏部件

◆ **事件经过**

某日，维修人员在某计量站更换输油泵定子，某资料工观察储油罐液面较高，就直接进入配电室内启动输油泵，造成输油泵转子、三通等多部件损坏。

◆ **原因分析**

（1）维修作业前没有进行信息沟通，维修人员与属地责任人没有进行安全与技术交底。

（2）资料工启泵前未进泵房对设备进行启动前检查。

◆ **防范措施**

（1）与属地责任人做好工作前的沟通工作，双方知晓当日工作并做好交接。

（2）严格按照操作规程操作，输油泵启泵前须严格按操作规程进行启泵前的检查。

◆ 警示语

维修泵　要交底　控制柜　警示牌　莫忘挂

启泵人　启泵前　查设备　方启动　再巡查

6. 抽油井光杆卡子脱落

◆ **事件经过**

某班组一名员工，在指挥吊车进行上提抽油井光杆操作时，由于光杆卡子没有打紧，在上提光杆的过程中，卡子从光杆上方脱出，掉落在另外一名现场配合操作的员工身边，差点砸到这名员工。

◆ **原因分析**

（1）光杆卡子未打紧。

（2）光杆顶部未安装接箍。

（3）吊装作业时，操作人员未保持安全吊装距离。

◆ **防范措施**

（1）上提光杆前，一定要先检查光杆卡子的反正，打紧光杆卡子，试提没有问题后方能作业。

（2）在光杆顶部安装光杆接箍，防止意外掉落。

（3）吊装作业时，操作人员应远离吊臂下方，吊臂下严禁站人，保持安全吊装距离。

◆ 警示语

提光杆　卡子紧　不能反

先试提　没问题　再作业

起吊时　安全距　要保持

监督人　操作时　要到位

7. 更换抽油机皮带绞手套

◆ 事件经过

某年冬天，某操作员工在巡井时发现一抽油机井皮带全部脱落，电动机空转，停机后该员工返回计量站拿上新皮带进行更换。因天气太冷，该员工没有用扳手卸松电动机固定螺栓、用撬杆向前移动电动机，而是直接将皮带硬拽取下。安装新皮带时，也是将皮带一根一根地硬拉进皮带轮，在拉最后一根皮带时，手一松，手套就绞进了皮带轮内。幸好当时反应快，没有将手夹进皮带轮内造成伤害。

◆ 原因分析

（1）未按操作规程操作。

（2）偷懒，任意简化操作步骤，抱有侥幸心理。

◆ 防范措施

（1）严格按更换抽油机皮带操作规程操作，严禁违章作业。

（2）任何操作都不能任意简化操作步骤，抱有侥幸心理，易造成事故。

◆ **警示语**

抽油机　换皮带　遵规程　不违章　完工作

换皮带　摘手套　守规程　不伤害　自身安

8. 清理抽油机油污人员坠落

◆ 事件经过

某日，某公司进行环保检查，发现某计量站一口抽油机井“驴头”上有油污。于是班组派出一名员工进行现场整改。该员工没有系安全带直接站在抽油机支架上擦洗油污，在擦洗过程中，脚踩在油污上打滑踩空，从抽油机上坠落下来。

◆ 原因分析

（1）未严格按操作规程操作。

（2）高空作业未系安全带。

（3）操作前没有做好防滑坠落措施。

（4）没有专人监护。

◆ 防范措施

（1）施工前应办理高空作业票，并严格按操作规程操作，知风险，做好防范措施。

（2）2m 以上高空作业必须系安全带。

（3）操作前必须做好个人防护（对站位进行清理，

脚下应站稳，不能有油污）。

（4）高空作业应设专人监护。

◆ **警示语**

高作业　先办票　识风险　做防范　安全带　要系好
站位处　先清理　方站稳　监护人　要安排　方安全

9. 更换抽油机皮带伤手

◆ **事件经过**

某日，某班组的两名员工更换抽油机皮带时，因少带一件工具，在一名员工回计量站去取工具时，另一名员工等不及，就独自进行了操作，在操作过程中未按照更换皮带的规程操作，用手将皮带强行拉入皮带轮中。那名去取工具的员工在返回井口的途中，很远就听到该员工大声呼救，他急忙赶到现场一看，该员工的右手食指已被夹入电动机皮带轮中，造成挤伤。

◆ **原因分析**

（1）未遵守规定，在人员和工具未配备齐全的情况下就开始操作。

（2）安全意识淡薄，未执行操作规程，存在习惯性违章行为。

（3）杜绝风险的意识差，防范措施不到位、监护不到位就独自进行操作。

◆ **防范措施**

（1）操作前，应确认工具用具齐全、完好。

（2）对员工进行班前安全讲话，杜绝习惯性违章，严格要求员工按照操作规程操作。

（3）监护人应起到安全监督的作用，两人配合作业，要相互提醒，确保安全作业，并熟知更换过程中存在的风险及防范措施。

◆ **警示语**

抽油机　换皮带　工用具　要带全

无监护　莫操作　不抢时　不违章

10. 更换抽油井密封填料刺漏

◆ 事件经过

某日，两名员工在某抽油井井口更换密封填料，在关闭胶皮阀门后，打开压盖、压帽时突然刺漏，两名员工的工服瞬间被刺漏原油染黑，幸好井液温度不是很高，没有造成烫伤。

◆ 原因分析

（1）操作时未选择正确站位（上风处）。

（2）未缓慢卸压盖、压帽，未泄尽余压就进行操作。

◆ 防范措施

（1）操作时应站在上风处。

（2）缓慢卸松压盖、压帽，泄尽余压后再完全卸下压盖。

◆ 警示语

换填料　卸压盖　松压帽　要缓慢

泄余压　待压尽　方操作　防喷溅

11. “驴头”悬绳器悬挂盘掉落

◆ 事件经过

某日，两名员工配合更换某抽油井悬绳器，一名员工攀上抽油机“驴头”系好安全带，依次拔出悬挂盘固定销子，卸掉悬挂盘固定螺帽，将悬绳器的悬挂盘卸松后，另一名员工站在采油树保温盒上往上递举悬绳器，在上提悬绳器往悬挂盘上挂悬绳时，悬挂盘被弹开掉落，砸在递送悬绳器员工的安全帽上后，掉落在地。

◆ 原因分析

（1）未按操作规程操作，悬绳器悬挂盘固定螺帽被卸掉。

（2）安全防范意识差，上下交叉作业。

◆ 防范措施

（1）更换悬绳器操作时，悬绳器悬挂盘固定螺帽应卸松而不应卸掉，防止悬挂盘掉落。

（2）操作前应熟知风险与防范措施，禁止上下交叉作业。

（3）采用绳索系好悬绳器由抽油机上人员通过绳索将悬绳器吊起的方式，而不能采取通过人员站在保温盒上向上递悬绳器的方式。

◆ 警示语

悬绳器　更换时　悬挂盘　只卸松
螺丝帽　勿卸掉　固定好　免滑落
悬绳器　人勿递　绳索吊　不交叉

12. 抽油井碰泵光杆卡子滑脱

◆ 事件经过

某班组两名员工对一抽油井进行碰泵操作。一名员工配合启停机，另一名员工在井口操作，在填料盒上打好下光杆卡子卸载后发现，悬绳器上方的光杆卡子卸不动。于是就让配合启停机的员工站上保温盒来帮他打个备扳，在卸光杆卡子过程中，悬绳器带着光杆卡子开始向上移动，配合打备扳的这名员工还未弄清楚是怎么回事，就听另一名员工急得大喊:“跳！快跳！”他俩相继跳下保温盒。这时，悬绳器上方光杆卡子掉落在他们身旁，险些造成人身伤害。

◆ 原因分析

（1）操作前，未试刹车。

（2）未按操作规程操作，上机操作前未拉紧刹车，未锁紧刹车保险装置。

（3）光杆顶部未安装光杆接箍（防脱装置）。

◆ **防范措施**

（1）操作前，应试刹车，确认灵活好用、牢固可靠。

（2）停机后，切断电源，拉紧刹车，上机操作前必须锁好保险装置，定期对刹车装置进行维护保养。

（3）光杆顶部安装光杆接箍，防止光杆卡子脱出掉落。

◆ **警示语**

抽油机　要碰泵　停机后　卸负荷
拉刹车　紧保险　打卡子　要牢靠
卸载后　摇光杆　无下滑　再操作

13. 清理光杆密封盒油污伤手

◆ 事件经过

某员工在巡检时发现某抽油井光杆密封盒渗漏，即直接拿出携带的棉纱及清洗剂对该井密封盒进行清理。在清理过程中，当抽油机“驴头”运行至下死点时，悬绳器将该员工手指挤压在悬绳器与密封盒之间，幸亏当时反应快，该员工及时把手抽回来，避免了手指被挤伤。

◆ 原因分析

（1）在未停机、断电的状况下清理密封盒油污，属违章作业。

（2）设备存在隐患，抽油机悬绳器的长度与抽油机的型号不匹配，“驴头”位于下死点时悬绳器下平面与光杆密封盒的安全距离不够。

◆ 防范措施

（1）严禁违章作业，抽油机运转时，不能对机组进行任何作业。

（2）消除设备隐患，“驴头”位于上死点时，“驴头”下端距悬绳器上平面250～300mm；“驴头”位于下死点时，悬绳器下平面距光杆密封盒300～400mm。

◆ **警示语**

抽油机　填料漏　先停机　再清理

14. 清理输油泵油污伤人未遂

◆ 事件经过

某计量站巡检工在巡检时发现泵房输油泵密封填料渗漏，油污滴落在底座上，当时输油泵正在运转，该巡检工顺手直接就用一块棉纱去清理油污，在清理油污过程中，棉纱的一角被泵轴缠绕，随即棉纱整体被泵轴缠绕进去，幸好该员工下意识地松开了棉纱，没有造成伤害。

◆ 原因分析

（1）未停泵、断电就直接清理油污，属违章作业。

（2）安全意识淡薄，对该项操作的风险因素辨识不清。

◆ 防范措施

（1）输油泵运转时，不应进行与泵体有可能接触的任何操作。发现问题应及时停泵断电，将自动改为手动，悬挂警示牌后再操作。

（2）加强该项目的风险防范意识培训，使其熟知风险，提高安全意识。

◆ 警示语

巡检时　泵渗漏　有油污　要清理　先停机
断电源　挂警示　再操作　知风险　保平安

15. 抽油机刹车未拉紧

◆ 事件经过

某班组两名员工清理抽油机减速箱部位油污。一名员工进行停机、刹车、断电的操作。另一名员工去清理减速箱部位油污，刚走到减速箱部位时，曲柄块突然滑动起来，幸好拉刹车的员工还没有离开又及时地拉住了刹车，避免了碰伤事故的发生。

◆ 原因分析

（1）操作前，未确认并检验刹车灵活是否好用、牢固可靠。清理油污员工未等待拉刹车员工确认刹紧刹车后就去作业。

（2）停机后，未拉紧刹车，上机操作未锁紧刹车保险装置。两人配合操作相互配合、监护不到位。

（3）设备存在安全隐患，刹车片磨损或行程有隐患。

◆ 防范措施

（1）操作前，应先试刹车，确认灵活好用、牢固可靠。

（2）停机后，切断电源，拉紧刹车，上机操作前必须锁好刹车保险装置，应等待一方确认刹车刹紧并示意后，另一方才可进行下一步操作。

（3）抽油机刹车装置应定期进行保养和维护，消除安全隐患。

◆ 警示语

减速箱　要清理　先停机　紧刹车

保险销　要上紧　没问题　再操作

16. 冬季油井扫线造成灼伤

◆ 事件经过

某班组一名员工对某井进行扫线操作。该员工倒好该井井口与计量间流程后，打开配汽间配汽阀门，因未听到蒸汽流动声音，即判断为该井管线冻堵。于是该员工到井口倒流程，卸掉油嘴套丝堵，让管线死油外排。在等待管线是否畅通的时间里，由于心急，就将面部对准油嘴套内观察，没想到这时一股原油伴随着蒸汽喷涌而出，该员工的面部当时就被热油灼伤。

◆ 原因分析

面部对准油嘴套观察情况，属违章操作。

◆ 防范措施

严格按操作规程操作，禁止面部正对油嘴套查看。

◆ 警示语

管线堵　先汇报　无措施　不外排

油嘴套　不正对　站侧面　防灼伤

17. 输油泵突然运转造成员工工服撕裂

◆ 事件经过

某日，一班组两名员工在泵房清理输油泵周围油污时，输油泵突然运转起来，当时一名员工离输油泵很近，且工服最下面的一个扣子没系好，一下子被卷入泵体，只听刺啦一声，工服下角被撕裂卷入泵体中，衣服撕了一个大口，两名员工吓得瘫坐在地。

◆ 原因分析

（1）操作前未对设备设施状况进行检查，未按要求将自动装置改为手动状态并断电。

（2）工服穿戴不符合要求。

◆ 防范措施

（1）操作前应对设备设施状况进行检查，按要求将自动装置改为手动状态，断电，挂警示牌。

（2）严格按要求“三穿一戴”❶。

---

❶“三穿一戴”：穿工服、穿工裤、穿工鞋，戴安全帽。

◆ 警示语

输油泵　要擦拭　先停泵　后断电

操作前　查工装　衣扣处　要扣好

泵运转　免靠近　完工后　再恢复

18. 更换输油泵密封填料造成人员摔倒

◆ 事件经过

某员工在更换输油泵密封填料时，因填料不易取出，就用专用铁钩子勾住旧填料用力往外拉，因用力过猛，钩子突然从旧填料处脱落，致使该员工摔坐在地，钩子险些划伤脸部。

◆ 原因分析

操作过程中不平稳，对该项目风险意识不到位。

◆ 防范措施

平稳操作，加强该项目的风险防范意识培训，使其熟知风险，提高安全意识。

◆ 警示语

取填料　用工具　巧使劲　记风险　懂防范　防伤害

19. 稠油井外排管线弹起险伤人

◆ 事件经过

某日，某操作人员对一抽油井进行拌热操作，拌热一段时间后，发现井口温度明显升高，但蒸汽没有进入该油井井筒，这名操作人员就决定先在井口排出井口管线内的凝结油。于是就缓慢打开了外排罐的进口阀，管线内的凝结油慢慢被蒸汽顶了出来。突然，蒸汽把管线内凝结油瞬间顶出，冲力把进罐管线直接弹起一米多高，蒸汽的冲力也把外排罐内的原油喷溅得四处飞散。

◆ 原因分析

（1）操作人员打开配汽间拌热蒸汽阀时，未对蒸汽压力进行调控。

（2）在井口排除管线内凝结油时，未进行风险辨识，也未做好防范。

（3）管理不到位，外排管线未及时固定，存在安全隐患。

◆ **防范措施**

（1）严格按操作要求控制好拌热管线压力。

（2）在排出管线内凝结油时，应先对该操作进行风险识别并做好防范工作。

（3）外排管线应进行硬质固定且固定牢靠。

◆ **警示语**

稠油井　拌热时　管压力　要控制

凝结油　排放时　外排管　固定牢

20. 抽油井碰泵光杆卡子造成人员受伤

◆ 事件经过

陈某和班组另一名大班员工进行抽油井碰泵操作。停机、断电、“驴头”卸完载荷后，陈某把悬绳器上方卡子移到超过原防冲距100～200mm的距离后，在“驴头”、悬绳器没有吃载的情况下，配合的大班员工就先卸松密封盒上的光杆卡子（下卡子），光杆随之下滑，陈某左手小指被夹在悬绳器上方卡子与悬绳器之间。发现陈某被夹，这名大班员工立即打紧下卡子，盘动皮带，陈某才得以解脱。

◆ 原因分析

（1）拆装光杆卡子时手放在了光杆卡子的下方，致使光杆突然下滑后，小手指被夹，两人未互相监督和提醒。

（2）在“驴头”、悬绳器没有吃载的情况下，大班员工卸松下卡子，属严重违章操作。

（3）员工未掌握操作规程。

◆ **防范措施**

（1）光杆卡子严禁打反，严禁手抓光杆，严禁将手放在光杆卡子下方，更不能手握光杆卡子。两人配合操作时应精力集中，配合默契，相互监督。

（2）熟知抽油机碰泵操作规程，严格按照操作规程操作。

（3）加强员工的技能培训，提高员工的技能水平。

◆ **警示语**

碰泵时　要牢记　不拖卡　不抓杆　防夹手　养习惯

21. 抽油机保养滑倒

◆ 事件经过

某操作人员对抽油机进行一级保养操作，在对尾轴承加注黄油时，为方便操作，即站在减速箱上对尾轴加注黄油，枪头对准黄油嘴时脚下一滑，导致整个人滑倒，致使该操作人员两颗门牙被撞掉。

◆ 原因分析

（1）高空作业未系安全带。

（2）作业中选择站位不合适。

（3）不知操作中存在的风险。

◆ 防范措施

（1）2m 以上高空作业应系好安全带。

（2）作业中选择合适站位，平稳操作。

（3）熟知操作中存在的风险，并做好相应的防范措施。

◆ 警示语

高作业　安全带　要系好　防跌落

站位处　要选择　脚下实　防滑倒

22. 冬季管线爆管

◆ 事件经过

某井管线冻堵，李某带上柴油、棉纱等助燃物到井口，将点燃的棉纱放在井口放空阀处进行烘烤，在烘烤过程中管线放空阀处突然断裂飞出，幸亏旁边没有站人，否则后果不堪设想。

◆ 原因分析

（1）发现管线冻堵，未向班组长或作业区汇报，私自采用明火烘烤井口管线。

（2）违反安全操作规程，未打开放空阀，未采取先两头后中间逐步解冻的方法解冻。

◆ 防范措施

（1）管线冻堵，严禁用明火烤。

（2）严格按操作规程操作，管线冻结用蒸汽和热水解冻，采取先两头后中间逐步解冻，或采用电焊车配合的方法解冻。

◆ 警示语

管线冻　要解堵　用热水　用蒸汽

放空处　先疏通　点明火　不可取

易燃物　不能用　防爆裂　会伤人

23. 抽油井巡检野蛮操作造成受伤

◆ 事件经过

某日，谢某对一抽油井巡检时发现抽油机支架处有异响，在没有停机的情况下，谢某直接攀上抽油机支架进行检查，抽油机“驴头”运行至下死点时，将谢某的头部碰肿。

◆ 原因分析

（1）上机检查故障时未停机、刹紧刹车、断电、锁好刹车保险装置。

（2）自我保护意识差，安全意识淡薄，对操作中的风险辨识不到位。

◆ 防范措施

（1）上机检查处理故障时，应在停机、刹紧刹车、断电、锁好刹车保险后再进行操作。

（2）加强抽油机运转过程中风险辨识的培训，提升该员工的风险防范意识。

◆ 警示语

抽油机　有异响　先停机　后检查

机未停　不攀爬　“驴头”下　不站立

24. 抽油机底座粉刷伤人未遂

◆ 事件经过

某班组两名员工粉刷某抽油机底座，粉刷完毕启动抽油机后，一名员工发现底座内部有一处没有刷好，于是拿起刷子直接钻进抽油机底座内去补刷，就听到另一名员工大声呼叫。原来无意间，该员工已经站在了曲柄旋转范围之内，幸好另一名员工的及时提醒，避免了安全事故的发生。

◆ 原因分析

（1）未停机、拉紧刹车、断电、锁好保险装置就钻进抽油机底座内。

（2）对抽油机存在的风险辨识不到位，没有注意曲柄的运动范围。

◆ 防范措施

（1）抽油机运转时，不能对机组进行任何作业。必须在停机、拉紧刹车、切断电源、锁好保险装置后方可操作。

（2）需熟知抽油机存在的风险及防范措施，禁止站在曲柄旋转范围内。

◆ 警示语

抽油机　要粉刷　先停机　拉刹车
锁保险　断电后　没问题　再进行

25. 更换井口密封填料时刹车失灵

◆ 事件经过

某日，肖某更换一抽油井井口密封填料，当肖某刚把压盖牢靠悬挂在悬绳器上时，抽油机曲柄突然转动，将填料盒内的填料带出，幸好当时井筒中没有压力，没有造成井喷或悬挂的填料盒压盖掉落，否则后果不堪设想。

◆ 原因分析

（1）操作前，未试刹车灵活好用、牢固可靠。

（2）停机后，刹车未刹紧造成抽油机短距离运转。

（3）刹车装置存在安全隐患，未定期进行维护保养。

◆ 防范措施

（1）操作前，应试刹车，确认灵活好用、牢固可靠。

（2）严格按操作规程操作，停机，刹紧刹车，切断电源，锁好刹车保险装置。

（3）刹车装置定期进行维护保养。

◆ 警示语

换填料　操作前　紧刹车　锁保险　断电源
刹车处　要定期　常检查　勤维护　防意外

26. 抽油井交叉作业

◆ **事件经过**

在一次大检查中，某班组的几名员工对一抽油机井同时进行清理井口保温套油污、保养抽油机等工作。李某清理完保温套油污后就坐在了抽油机下阴凉处休息。其他几名员工保养完抽油机后，一名员工要启动抽油机，看李某未坐在曲柄旋转范围内，就启动了抽油机。坐着休息的李某听到运转声音后赶紧站了起来，还好反应快，迅速离开了抽油机，否则就会发生曲柄伤人事故。

◆ **原因分析**

（1）启动抽油机前未清理抽油机周围障碍物。

（2）交叉作业监护不到位，组织混乱，风险防范意识淡薄。

◆ **防范措施**

（1）抽油机启动前应检查抽油机周围有无障碍物，确定无障碍物后再启动。

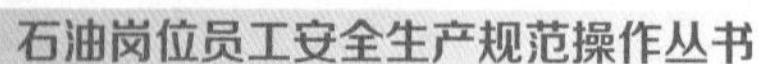

（2）严禁站在曲柄旋转范围之内，禁止交叉作业。

◆ 警示语

抽油机　保养时　人员多　曲柄下　莫停留

启抽前　机周围　无人员　无障碍　再启抽

27. 更换抽油机皮带违章操作

◆ 事件经过

冬季某天，李某在巡检时发现某井抽油机皮带断脱，立即与一名女工更换该井皮带。当李某在卸电动机底座固定螺栓时，发现所带的扳手不合适，螺栓太紧卸不开。李某担心该井停抽时间长，会造成管线冻堵，情急之下，在井场周围找来铁丝，把皮带绑在大皮带轮侧面，点抽利用惯性将皮带带入皮带轮中。

◆ 原因分析

未严格按照更换皮带操作规程操作，使用铁丝捆绑皮带，点抽将皮带装入皮带轮中存在安全隐患，属违章作业。

◆ 防范措施

严格按照操作规程操作，严禁违章作业。

◆ 警示语

操作中　遇问题　莫着急

遵规程　稳操作　保安全

28. 更换井口密封填料违章操作造成憋压

◆ 事件经过

某日，一名员工更换某井井口密封填料，当时由于井口压力过高，短时间内不能放空，该员工直接关闭井口生产阀。在压力未放尽情况下带压操作，当填料盒压盖将要卸开时，在压力的作用下，油气从填料盒喷出，该员工全身被喷满油污。

◆ 原因分析

（1）未完全泄压就进行操作（带压操作）。

（2）在卸填料盒压盖时，未边卸边摇晃泄尽余压。

◆ 防范措施

（1）必须在完全泄压后再进行操作。

（2）缓慢卸松填料盒压盖，应边卸边摇晃泄尽余压。

◆ 警示语

换填料　压力高　莫心急

泄余压　压力零　方更换

29. 抽油机悬绳器断脱

◆ **事件经过**

某日，某员工清理一抽油井保温套油污。在没有停抽油机的情况下，就开始清理油污，在快要清理完毕时，只听“当”的一声，悬绳器的钢丝绳突然断裂掉落下来，砸落在另一侧的保温套上，险些造成人身伤害。

◆ **原因分析**

（1）井口操作时未停机，该员工对操作过程中的风险防范意识不到位。

（2）巡检时未检查到位，设备设施未按要求进行检查保养维护。

◆ **防范措施**

（1）抽油机操作前应停机、拉紧刹车、切断电源、锁好保险装置，强化对项目操作中的安全风险防范意识的培训。

（2）日巡检时，设备运转时应按要求巡检各运转部位和连接部位，设备设施应按要求定时进行保养维护。

◆ 警示语

保温套　需清理　先停机　再断电

抽油井　细巡检　有隐患　及时除

30. 更换抽油机皮带未拉刹车

◆ 事件经过

某日，某员工更换一口抽油机皮带，班组长在巡检中发现，该员工在操作时既没拉刹车，也没切断电源，且曲柄还在缓慢转动。班组长及时将其制止后，拉紧刹车、切断电源，锁好刹车保险装置，按操作规程完成皮带更换，避免了事故的发生。

◆ 原因分析

（1）停机后在未拉刹车、未断电的情况下更换皮带，属违章操作。

（2）该员工违反安全操作规程，安全防范意识差。

◆ 防范措施

（1）更换皮带前应停机、拉紧刹车，切断电源。

（2）严格按照操作规程操作，对员工加强风险防范意识的培训，使其熟知操作中的风险及防范措施。

◆ 警示语

换皮带　停机后　刹紧车　断电后　再操作

操作中　曲柄转　速远离　查原因　做规范

31. 更换抽油机悬绳器人员坠落

◆ 事件经过

某井需更换抽油机悬绳器，某班组人员李某停机、切断电源、锁好刹车保险装置后，沿支架向抽油机上部攀爬，爬到支架顶部时，一脚踩空从上面坠落下来，造成身体多处碰伤、擦伤。

◆ 原因分析

（1）2m 以上高处作业未系安全带。

（2）风险辨识不到位，注意力不集中，操作不平稳。

◆ 防范措施

（1）2m 以上高处作业需系好安全带。

（2）操作前熟知风险，并做好个人防护，操作中注意力集中，平稳操作。

◆ 警示语

上高处　要防护　攀爬时　要牢靠

脚站稳　手抓牢　安全带　要系好

防坠落　知风险　懂防范　免伤害

32. 井口锯割光杆摔伤

◆ 事件经过

两名员工在巡检时，发现某抽油机由于井口光杆方余尺寸过长，在运行过程中，光杆撞击“驴头”发出碰撞声。他们在没有向班组长汇报的情况下，擅自到井口锯割光杆，在光杆断裂的一瞬间，一名员工由于脚未站稳，从井口保温套上摔落下来，造成肘部受伤。

◆ 原因分析

（1）巡检时，发现问题未经汇报批准，擅自整改。

（2）两人站立在保温套上进行操作，属违章行为。

（3）光杆配置不合适，造成光杆方余过长。

◆ 防范措施

（1）先汇报，订措施，再整改。

（2）操作前应进行现场风险辨识，做好现场安全监护，选择站位，平稳操作。

（3）修井后做好交接工作，使光杆配置符合规范，光杆方余应处在合理的范围内。

◆ 警示语

抽油机　光杆长　不规范　撞“驴头”

修井时　未到位　先汇报　再整改

辨风险　订措施　选站位　互监护

33. 维修输油泵伤手

◆ **事件经过**

某维修班两名员工在泵房进行1#输油泵维修调整作业，当在对电动机底座加垫片调整联轴器对中作业时，一名员工使用撬杠将电动机撬起，将无名指伸进电动机底座螺栓孔内调整与底座螺孔的对中，因撬杠打滑，这名员工的无名指被挤压受伤。

◆ **原因分析**

（1）用手指替代工具去对中孔心，造成了挤压受伤。

（2）相互监督不到位。

◆ **防范措施**

（1）正确使用工具用具，不能用手替代某些工具的功能。

（2）两人操作监督、监护到位，及时就此类案例对员工进行教育，使其能够认识到用手替代工具的危害性，要知风险、懂防范。

◆ 警示语

输油泵　调对中　加垫片　要细心

撬杠起　两只手　莫伸进　防伤害

34. 取填料盒压盖挂钩违章

◆ 事件经过

某名员工在更换完井口密封填料、启动抽油机后，发现挂填料盒的挂钩未取下来，当抽油机“驴头”运行到下死点时，该员工伸手取挂钩，在取挂钩的过程中手套被带挂到了上面，如果挂到手或衣袖，后果将非常严重。

◆ 原因分析

（1）该员工在运行的抽油机上取挂钩，属于习惯性违章。

（2）对存在的风险意识不到位。

◆ 防范措施

（1）加强岗前培训，严格按操作规程操作，避免习惯性违章。

（2）加强风险意识培训，提升风险辨识能力。取抽油机上用具时，应将抽油机停止在合适位置。

◆ 警示语

启抽前　收工具　清杂物

查周围　免遗留　除隐患

35. 污水泵管线憋压刺穿

◆ **事件经过**

某污水站有三台大型污水泵，某日班组长带领员工在泵房试泵，一名员工启泵时由于疏忽，没有打开泵出口阀。由于泵排量很大，当该员工启动污水泵后，造成憋压，泵管线被压力击穿瓦片大小的一块，当时那块瓦片大小的铁片把泵房的墙面也击穿了，幸好没有造成人身伤害事故。

◆ **原因分析**

（1）启泵前未确定泵流程是否正确，各部位检查不到位。

（2）班组长未起到监护作用。

◆ **防范措施**

（1）严格按启泵操作规程操作，启泵前确定流程正确，无渗漏。

（2）班组长应起到监护作用，及时提醒员工按操作规程作业。

◆ 警示语

启抽前　细检查　进出口　必打开

班站长　要监护　勤提醒　免事故

36. 压力表螺纹刺漏伤人

◆ 事件经过

某员工更换一注汽井压力表，井口压力为0.5MPa。更换完毕后，在打开压力表控制阀时，压力表螺纹处刺漏，导致该员工面部烫伤。

◆ 原因分析

（1）该名员工对操作中的风险辨识不到位，打开控制阀时人员距压力表较近或未站在上风处。

（2）更换后的压力表安装质量不合格，未按照操作规程操作。

◆ 防范措施

（1）加强更换压力表操作的风险防范措施的培训，使员工熟知风险及防范措施。

（2）严格按照操作规程操作，安装好压力表后应试压，先缓慢打开控制阀二至三扣，检查不渗不漏，待压力平稳后再完全打开控制阀。

◆ 警示语

压力表　安装后　先试压　要控制

缓慢开　细细观　无渗漏　再全开

37. 更换皮带式填料时砸伤手指

◆ 事件经过

某日，张某与班组一名员工更换某抽油井皮带式填料，当张某缓慢卸开填料盒压盖后，发现未带挂钩，另一名员工就用管钳将压盖卡在光杆上方。在张某往填料仓内加入新填料时，另一名员工因注意力不集中管钳打滑，造成压盖滑脱砸伤张某手指。

◆ 原因分析

（1）操作前未对工具用具进行检查，工具用具准备不齐全。

（2）未按照操作规程操作，工具使用不当，注意力不集中。

◆ 防范措施

（1）操作前工具用具准备齐全、完好。

（2）严格按照操作规程操作。两人配合操作时，注意力应集中，做好安全监护。

◆ 警示语

换填料　悬挂时　要牢靠
操作中　防掉落　防砸伤
两人行　互监督　互配合
互约束　保安全　促生产

38. 吞吐井着火

◆ **事件经过**

某操作人员对吞吐井进行注汽操作，注汽时配汽间压力为 8MPa，温度达到 280℃。注汽两小时后，操作人员在巡检时发现井口着火，遂立即汇报，并组织人员进行了停注操作，用灭火器将火熄灭并清理井场油污，汇报后恢复了油井注汽。

◆ **原因分析**

（1）注汽前未清理井口油污，井口温度过高，使油污蓄热后造成着火。

（2）注汽井注汽后未加强巡检。

◆ **防范措施**

（1）注汽前必须清除井口的油污和易燃物，严格按操作规程操作。

（2）对刚投注的井应加强巡检。

◆ **警示语**

投注前　井口清　井场清　无油污

注汽后　常巡检　遇问题　启预案

39. 注汽套管阀丝堵顶飞

◆ **事件经过**

某新员工在刚参加工作时，师傅带他去一口汽驱井注汽，在试注过程中发现套管阀漏汽，用管钳关了几次也关不严，于是就找了一个丝堵封住套管阀。师傅去配汽间开汽，该员工在井口观察，结果只听“咚”的一声巨响，丝堵飞出几十米远，差点砸到该员工身上。

◆ **原因分析**

（1）试注后未对套管阀关不严问题进行正确整改。

（2）丝堵代替阀门。

◆ **防范措施**

（1）试注后应及时对井口出现的套管阀关不严的问题进行整改，更换套管阀后方能注汽。

（2）套管阀不严，需立即更换，不得采取丝堵代替阀门的形式，严禁违章作业。

◆ **警示语**

汽驱井　要试注　查设备　有隐患　按规程　及时改
阀门漏　需更换　丝堵封　不能用　投注时　不逗留

40. 吞吐井套管环形钢板爆裂

◆ 事件经过

某计量站一口吞吐井需注汽，试注正常后投注。注汽 4 天后，某员工在巡查到该井附近时，突然该井套管头环形钢板爆开，汽浪冲起的泥土、砂子打在该员工的身上，环形钢板飞出井口近 100m 远。

◆ 原因分析

（1）套管环形钢板焊接不合格。

（2）固井质量不合格。

◆ 防范措施

（1）加强监管，对易受热膨胀而造成焊接口裂开的套管环形钢板及时进行加固。

（2）钻井过程中，对固井质量环节加强监管，防止因固井质量不合格，造成套管头环形钢板处憋压，从而引发事故。

◆ 警示语

套管井　环形钢　焊接处　勤监管　有隐患　及时修
钻井时　各环节　查仔细　无隐患　都合格　方安全

41. 更换压力表脱飞

◆ 事件经过

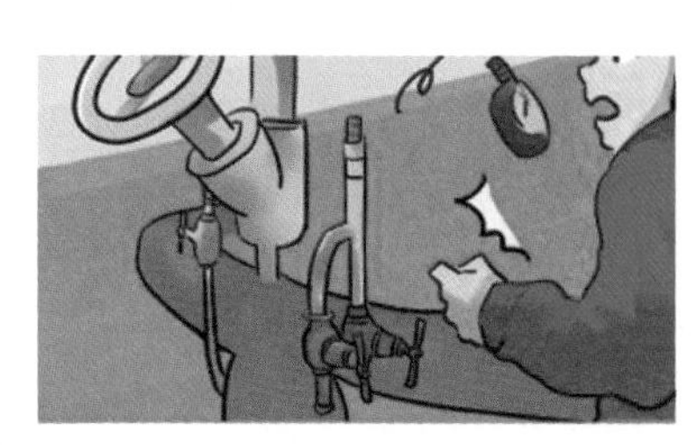

某员工在配汽间更换注汽总线压力表，当日的注汽干线压力为9.5MPa。更换完毕后倒流程，关闭压力表放空阀后，在打开压力表控制阀时，压力表螺纹处突然脱离表接头，压力表被打飞到房顶后弹回地面，幸好未伤及该员工。

◆ 原因分析

（1）压力表安装质量不合格。

（2）未缓慢打开控制阀试压。

◆ 防范措施

（1）操作前检查设备齐全完好，流程正确。

（2）严格按操作规程操作，缓慢打开控制阀试压，观察压力表的压力，检查压力表接头无渗漏后，完全打开压力表控制阀。试压前需要对压力表各连接部位再次进行检查，压力表的2/3螺纹应旋入表接头中。

◆ 警示语

压力表　更换时　各部位　要检查
表接头　加垫片　扣旋入　三分二
开阀前　要试压　处上风　保距离
慢开阀　压力稳　无渗漏　再生产

42. 配汽间更换阀门带压操作

◆ 事件经过

某计量站配汽间保温管汇上的减压阀渗漏需更换，两名女员工和一名男员工准备好工具来到配汽间，将需更换阀门的上下流压源切断后，就直接进行操作。在拆卸过程中男员工边拆边泄压，只听到“轰”的一声巨响，蒸汽刺出，造成男员工手部烫伤，站在男员工两侧的女员工的面部烫伤。

◆ 原因分析

（1）未按照操作规程操作，违章带压操作，没有对带压管线进行放空。

（2）操作前对风险提示与防范措施辨识不到位。

◆ 防范措施

（1）严格按操作规程操作。高温高压管线操作时，必须关闭进出口阀门，放尽余压，待压力泄尽后方可操作。

（2）操作前熟知风险与防范措施。加强员工风险防范意识培训，提高员工安全防范意识，作业前防范措施到位。

◆ 警示语

配汽间　换阀门　操作时　需谨慎

泄压后　看压力　落零后　再操作

遵规程　辨风险　不违章　保安全

43. 分离器量油憋压

◆ 事件经过

某员工进行单井分离器量油操作，计量完毕后，在倒回流程时，该员工将该井进分离器阀门关闭后即离开了计量间。另一名员工巡检时发现该井井口密封填料严重刺漏，后经检查发现该井计量间进大罐阀门未打开，造成进大罐阀门法兰及井口密封填料盒因憋压发生刺漏。

◆ 原因分析

（1）未正确切换流程造成憋压泄漏。

（2）操作完成后未检查确认流程是否正确。该员工对工作流程不熟悉或安全意识淡薄。

◆ 防范措施

（1）正确切换流程，以免憋压造成泄漏。

（2）操作完成后检查确认流程正确后人员方可离开。加强员工岗前培训及提高员工安全意识。

◆ 警示语

计量井　要计量　倒流程　最关键

先打开　后关闭　防憋压　促生产

44. 计量间分离器阀门憋压

◆ **事件经过**

某班组员工公休，安排一名顶岗人员接替其工作。由于该站部分单井阀门不严，因此该站在进行计量工作时，每次计量完后都要把分离器进口阀门关闭，计量时再打开，防止因单井计量阀门不严而造成分离器溢油。来顶岗的人员在计量时没有按照该流程操作，就直接打开单井进行计量，导致分离器进口阀门憋压、刺漏。

◆ **原因分析**

（1）公休员工与顶岗员工工作交接不清楚，未交代清楚岗位、设备存在的问题，致使顶岗员工不熟悉岗位、设备。

（2）未严格按照该站操作规程进行设备检查。

（3）该计量站部分单井计量阀门关不严，存在安全隐患。

◆ **防范措施**

（1）严格交接班制度，一定要向接班人员交代清楚存在的问题及接班人员应注意的事项。

（2）严格按操作规程进行油井计量工作，计量前应检查设备齐全，流程正确无渗漏。

（3）加强日常计量站设备设施的保养及维护，及时进行保养、更换，确保设备设施完好。

◆ 警示语

交班人　交任务　交变化　交设备
交措施　交安全　五交清　要清楚
顶班人　熟职责　熟规程　熟设备
熟风险　熟防范　五熟悉　再上岗

45. 计量间吹扫管线污染

◆ 事件经过

某站一名计量工在计量间进行单井计量工作时，维修班一名员工正好要对某油井进行管线吹扫工作，就要求该计量工配合其扫线，帮其在计量间倒该油井的扫线流程。该计量工在等待井口的维修班员工通知的同时，还在进行着单井计量工作。待维修员工在井口告诉计量工可以倒流程了，该计量工在匆忙之间，未看清井号，就把一口计关井的总生产阀门打开，待到发现时，该计关井井场已泄漏了大量原油，造成了严重污染。

◆ 原因分析

（1）该计量工在倒流程时，未仔细核对井号，开错阀门。

（2）操作完成后未检查确认流程是否正确。

（3）该计关井计关时未安装好丝堵，造成原油泄漏。

◆ 防范措施

（1）油井进行扫线时，需两人认真配合操作，应核对井号并确认无误再开关阀门。

（2）操作完成后应检查其流程，压力正常后，人员方可离开。

（3）相关计关井计关前清扫管线后，应将井口的丝堵安装好，井口设施齐全，相关放空阀门等应关闭，防止出现异常而造成井口跑油。

◆ 警示语

抽油井　要扫线　倒流程　需谨慎

计量间　有井号　先确认　再切换

46. 储油罐计量摔倒

◆ 事件经过

某计量站资料工在进行储油罐计量工作时，通过储油罐浮标去量取储油罐液位高度。由于罐内液位低，浮标过高，不易量取尺寸，于是就站在储油罐进出口阀门的手轮上量取浮标高度，结果不小心从上面掉下，造成手臂骨折。

◆ 原因分析

（1）站在进出口阀门的手轮上操作，属习惯性违章。

（2）罐区没有配备量取浮标高度所用的踏步梯。

◆ 防范措施

（1）禁止站在无安全保护设施的设备上进行作业。

（2）应配备踏步梯，方便人员操作。

◆ 警示语

计量罐　计量时　浮标高　看不清

踏步梯　要配上　设备全　不违章

47. 脚踩阀门手轮摔伤

◆ 事件经过

某日，某员工在站区巡回检查时，发现计量间一盏照明灯不亮，就直接踩在计量管汇上去更换照明灯，在上管汇时一只脚踩在阀门手轮上往上攀爬，手轮突然转动，该员工失去重心摔落下来，腿部轻微受伤。

◆ 原因分析

（1）该员工风险识别不到位，脚踩阀门手轮，属于习惯性违章。

（2）未按照操作规程操作，更换照明灯采取攀爬管汇登高的方式，且没有人员配合监护。

◆ 防范措施

（1）加强对风险辨识能力的培训，杜绝习惯性违章现象。

（2）严格按操作规程操作，更换照明灯须用人字梯进行登高，必须有人员配合监护，方可操作。

◆ 警示语

照明灯　更换时　存侥幸　图省事

习惯性　去违章　疏防范　己受伤

安全性　要加强　知风险　懂防范

48. 阀门池硫化氢浓度超标

◆ 事件经过

某日，宋某在巡检时发现该计量站阀门池集油线总阀门有渗漏的情况，就准备进入阀门池进行整改，但被身边工作人员制止。事后用硫化氢测试仪检测发现阀门池内部硫化氢浓度超标，虽然没有造成严重后果，但对宋某来说很是后怕。

◆ 原因分析

（1）未带检测工具对有限作业空间进行有毒有害气体检测。

（2）未向班组长及作业区汇报，进入有限空间作业未办作业票。

◆ 防范措施

（1）有限空间作业前应先对作业空间进行有毒有害气体检测，确认无毒害后再作业。

（2）向班组长及作业区汇报，阀门池作业须办理有限空间作业票，配备安全防护设施后进行。

◆ 警示语

阀门池　有渗漏　维修前　先办票　再检测

通风好　无毒害　方操作　不违章　才平安

49. 冬季上罐量油滑倒

◆ **事件经过**

某日，某计量站资料工要上罐进行大罐量油操作，当时罐区周围积雪较厚，该员工在未清扫罐区积雪的情况下就上罐量油，在下储油罐底座台阶时，脚底打滑摔倒，造成受伤。

◆ **原因分析**

（1）上罐前未先清理罐区的杂物、冰雪（扶手、梯子）。

（2）操作前未检查梯子、扶手是否牢固可靠，未做好个人防护。

◆ **防范措施**

（1）冬季及时清理罐区及扶手、梯子、踏步上的杂物、冰雪。

（2）操作前先检查梯子、扶手、踏步牢固可靠，做好个人防护，防止绊倒、滑倒、摔伤。上下油罐台阶时应抓牢扶梯，慢上慢下，防止摔倒。

◆ 警示语

下雪天　要量油　上罐前　先除雪　防滑倒

上下罐　要当心　手扶梯　脚站稳　防跌落

50. 焖开井取样烫伤

◆ **事件经过**

某员工在一吞吐自喷井取样（油井温度为90～110℃），将取好样品放置在井口油嘴套上记录压力、温度，不料一阵风把样杯吹倒，部分油样洒到了该员工的工鞋里，虽然该员工马上把鞋子和袜子都脱了，但是脚面还是被油样烫得有些红肿。

◆ **原因分析**

（1）该员工风险识别能力不到位，人未站在上风处进行操作。

（2）样杯放置位置太随意（未放入样框），未想到会被风吹倒或碰倒。

◆ **防范措施**

（1）加强油井取样风险辨识能力的培训，严格按操作规程操作，人站在上风处操作。

（2）取好的样品放置位置应合理（放入样框），

以免被风吹倒及碰倒。

◆ **警示语**

取样时　站上风　油温度　要知晓

放油样　要当心　防烫伤　防中毒

51. 单人罐口打捞浮标

◆ 事件经过

某日，一名员工巡检时发现储油罐浮标钢丝绳断了，汇报给班组长后，班组长直接安排其上罐打捞浮标更换钢丝绳，在没有任何安全防护措施的情况下，该员工趴在罐口打捞浮标，更换钢丝绳。

◆ 原因分析

（1）该名班组长违章指挥，未对有毒有害气体浓度进行检测。

（2）该名员工未拒绝班组长的违章指令，“我要安全”的意识不强，对违章作业风险辨识不够。未做好安全防护措施就去完成此项工作。

◆ 防范措施

（1）杜绝违章指挥，应告知操作人员风险及防范措施，并指派监护人员一同去完成更换浮标钢丝绳的工作。

（2）拒绝违章指令，在油气聚集场所操作应做好防范，熟知操作规程后方能操作。

◆ 警示语

储油罐　浮标断　打捞时　需谨慎
安全带　要系好　罐口处　不久留
防护品　要备齐　你打捞　我监护

52. 卸油嘴打飞

◆ 事件经过

某日，某操作员工到一口自喷井上更换油嘴。该员工卸下丝堵，直接用套筒扳手卸油嘴至1～2圈后，这时油嘴突然被喷出，幸亏该员工躲闪及时，否则将会造成人身伤害。

◆ 原因分析

（1）未按操作规程操作，没有判断和确认油嘴是否堵塞，属带压操作。人未站在侧面用通针通油嘴，未边卸边晃，放掉余压后卸油嘴。

（2）该员工风险识别不到位，不知晓油嘴在拆卸过程中会出现油嘴被打出风险。

◆ 防范措施

（1）严格按规程操作，人要站在侧面用通针通油嘴，边卸边晃，放掉余压后才卸油嘴。

（2）加强风险辨识能力培训，禁止带压操作。

◆ 警示语

卸油嘴　需小心　站侧面　卸丝堵
油嘴孔　易堵塞　用通针　来疏通
边卸松　边摇晃　泄余压　再操作

53. 油罐溢油

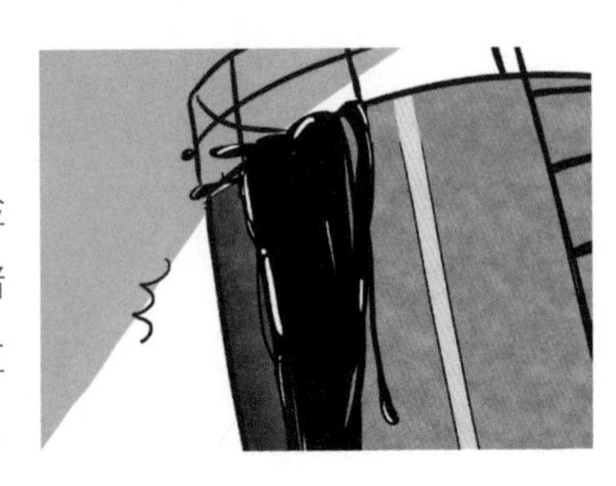

◆ **事件经过**

某夜巡工上夜班，接班后于20:00巡检到某计量站，当时储油罐液位在130cm左右，他将浮标拉至自动打油位置（自动打油位于150cm），使输油泵启动外输原油。然后到泵房检查，输油泵输油正常后，离开该计量站到其他站巡检。次日1:00巡检到该站，输油泵处于停止状态。储油罐液位显示在60cm左右；7:00左右再次巡检到该站，输油泵仍处于停止状态，储油罐液位显示在70cm左右（该站双罐综合计量，液位每小时上油2cm），泵房流程都处于正常状态。10:30左右，发现该计量站储油罐溢油。

◆ **原因分析**

（1）储油罐液位计损坏。

（2）巡检不到位，未按时巡检，没有及时发现输油泵的异常情况。

（3）输油泵损坏或单流阀关不严。自动打油装置失灵，未在规定液位自动启动。

◆ **防范措施**

（1）定期检查储油罐液位计。

（2）加强巡检，提高员工的责任心。

（3）定期对输油泵及自动打油装置进行维护和保养，保证其运行正常。

◆ **警示语**

输油泵　单流阀　有磨损　有杂物　会倒转　油倒流　罐溢油
单流阀　关不严　有征兆　停泵后　看听闻　多观察　防倒转

54. 更换压力表违章

◆ 事件经过

王某在更换一口长期停注的汽驱井压力表时，因该井是常年停注井，王某认为该井不可能有压力，就未打开压力表放空阀泄压，直接将旧压力表卸下，在拆卸过程中，管线里的余压带着污垢把李某的脸喷得乌黑。

◆ 原因分析

（1）未按照操作规程操作。未打开压力表放空阀泄压，未待压力落零就进行操作，属于违章操作。

（2）心存侥幸，偷懒。

◆ 防范措施

（1）严格按照操作规程操作。应先关压力表控制阀，缓慢开压力表放空阀泄压，待压力落零后再卸压力表，边卸边轻微晃动，泄尽余压。

（2）任何操作都不应心存侥幸，偷懒而简化操作步骤。

◆ 警示语

压力表　要更换　先放空　再松表　边摇晃

泄余压　不侥幸　不偷懒　遵章程　稳操作

二、电气类案例

油田用电，时时谨慎；检查维护，消除隐患。

小心无错，粗心酿祸；如履薄冰，不可侥幸。

停电作业，勿忘验电；忽视安全，终酿大祸。

违章生险，遵纪则安；生产再忙，不忘安全。

55. 更换照明灯拉线绳触电

◆ **事件经过**

某班组员工在自检自查工作中，发现站上值班室的照明线路拉线开关盒无外盖，且无拉线绳。为消除安全隐患，某操作人员就找好拉线绳和开关盒外盖，在切断电源后爬上两米多高的扶梯上接拉线绳，在上开关盒外盖过程中，另一名同事误以为已经上好外盖，就合上了电闸。当时，这名操作人员遭受电击就从扶梯上掉落下来，所幸未受伤。

◆ **原因分析**

（1）该操作人员职责不明，未持有特种作业有效证件（电工证）进行操作。

（2）个人防护用品穿戴不齐，2m 以上高空作业未系安全带。

（3）安全监护不到位。

◆ **防范措施**

（1）特种作业需由持有电工证特殊作业人员操作。

（2）电力作业，劳保用品穿戴齐全，必须戴绝缘手套操作，2m 以上高空作业需系安全带。

（3）监护人须具有强烈的责任心，应起到监督、保护作用。

◆ **警示语**

电工活　要持证　才能做
操作时　绝缘物　要戴上
高空中　安全带　要系上
监护人　监督事　要做到

56. 电控箱合闸伤人

◆ **事件经过**

某员工巡检时，发现一口正常生产井停抽，走近观察，发现流程正确、刹车正常，于是断定是终端杆电控箱内铁壳开关跳闸，就立即向作业区值班人员汇报。值班人员要求该名员工去合上电控箱内开关看该抽油井能否启抽，于是该员工来到终端电线杆下的配电箱前进行合闸操作，在合开关时，瞬间一道电弧飞出，刺伤了该员工的眼睛及手腕。

◆ **原因分析**

（1）值班人员未安排专业电工去查找问题。

（2）人未站在侧面，并且未戴绝缘手套进行送、断电操作。

（3）配电箱内的铁壳开关属于老旧产品，存在安全隐患。

◆ 防范措施

（1）电气设备查找问题应由专业人员进行操作，特种作业严禁无有效操作证人员上岗操作。

（2）严格按照操作规程操作，人站在侧面，并戴绝缘手套进行送、断电操作。

（3）电控箱内铁壳开关已属于老旧产品，应及时更换成空气开关，消除安全隐患。

◆ 警示语

巡检时　井停抽　电异常　先汇报

非电工　莫操作　合开关　侧面站

老产品　要更换　有隐患　要消除

57. 使用电锤钻孔肌肉受伤

◆ 事件经过

某员工在班组长的安排下安装窗户防护栏。该员工手持电锤在钻孔过程中，钻头遇阻突然卡钻，电锤扭力增大并旋转，导致该员工右手手背肌肉扭伤。

◆ 原因分析

（1）操作员工对电锤使用不熟练，未能正确处理卡钻这一突发情况。

（2）在钻孔过程中，员工推力太大，遇到卡钻未迅速减小推力。

（3）员工安装窗户防护栏的地方，钻孔处的墙体内存在钢筋等异物。

（4）安全讲话、安全监督不到位，未对员工进行电锤操作安全培训。

◆ 防范措施

（1）作业前，应熟悉电锤使用操作规程及风险辨识。

（2）根据作业指导书，正确使用电锤。

（3）对施工现场进行风险识别，并进行防护措施交底。

（4）安全讲话、安全监督到位，施工前对员工进行系统培训。

◆ **警示语**

小电锤　不简单　钻孔前　要检查

心有底　再操作　安全话　要讲到

监护人　要到位　全做到　才安全

58. 更换熔断丝伤人

◆ **事件经过**

某日，某员工更换配电箱熔断丝，更换完熔断丝合闸刀时，该员工的脸正对着配电箱，一瞬间，一道电光就闪在他的脸上，经医院确诊为电击伤。

◆ **原因分析**

（1）合电闸时面部正对着配电箱。

（2）配电箱短路，非电工人员进行电气设备操作。

◆ **防范措施**

（1）合电闸时人应站在配电箱侧面。一般空气开关手柄设在右侧，左手操作可以避免操作者身体正对闸刀开关，以降低遭受电弧击伤的概率。

（2）电气设备操作人员必须持有特殊工种操作证。

◆ **警示语**

配电箱　换保险　停送电　侧面站

无证人　莫操作　受了伤　还违章

59. 电线搭抽油机上触电

◆ **事件经过**

某日，张某对刮完大风后停抽的抽油井进行复抽操作。在复抽作业时，由于一口抽油井的一根配电线被刮断，搭在了该抽油机上，张某未对抽油机设备设施进行检查，就去直接启动抽油机，瞬间感觉被电流击了一下，幸亏张某反应快，触电瞬间松手和后退，避免了一起触电事故。

◆ **原因分析**

（1）启抽前，未对抽油机设备设施进行检查确认。

（2）操作前，未用试电笔检查配电箱外壳是否带电。人未站在侧面，并戴绝缘手套进行送、断电操作。

◆ **防范措施**

（1）启抽前，检查抽油机设备设施齐全、流程正确，无渗漏。

（2）操作前，必须先用试电笔检查配电箱外壳是否带电。人站在侧面，并戴绝缘手套进行送、断电操作。

◆ 警示语

大风后　停抽井　要复抽

操作工　操作前　要检查

配电线　搭井上　先处理

再操作　严要求　方平安

60. 防爆灯开关缺螺钉

◆ **事件经过**

某日，一名员工在站区巡检时，发现防爆灯开关上缺少一颗螺钉，但未予以重视，当该员工在旋转灯开关时，开关旋钮处断裂，造成损坏。

◆ **原因分析**

（1）巡检时发现问题未及时处理。

（2）故障未处理即进行下步操作，存在安全隐患。

◆ **防范措施**

（1）巡检时发现问题应立即处理或汇报。

（2）故障设备应处理后再进行下步操作。

◆ **警示语**

防爆灯　少螺钉　有隐患　及时修

不维修　少寿命　易损坏　有风险

61. 变压器铁壳闪爆

◆ **事件经过**

肖某月底对班组用电情况进行数据抄录时，发现变压器下控制开关内熔断丝烧断。肖某未向作业区及班组长汇报，就擅自更换熔断丝，更换完毕后，在肖某送电合闸刀时，突然发生闪爆，导致肖某轻度烧伤。

◆ **原因分析**

（1）无特种作业证人员进行操作，属于违章作业。

（2）人未站在侧面，并且未戴绝缘手套进行送、断电操作。

◆ **防范措施**

（1）电气设备出现故障应由持证电工进行维修。

（2）人站在侧面，并戴绝缘手套进行送、断电操作。

◆ 警示语

铁壳内　保险烧　非电工　莫动手

报调度　找电工　合电闸　站侧面

门要关　防闪爆　保安全　免伤害

62. 计算机烧坏

◆ 事件经过

某日，某员工和往常一样，下班时没有关闭计算机。第二天清晨上班，令他吃惊的是，自己办公桌上的计算机已烧得面目全非，办公桌也烧得变了形。

◆ 原因分析

（1）线路老化破损，导致短路燃烧。

（2）电器设备超负荷运转。该计算机使用人习惯成自然，下班时没有关机、断电。

（3）使用不合格的电器保护装置。

◆ 防范措施

（1）应定期检查线路是否老化破损，发现问题及时整改。

（2）应使用额定功率的电器设备。离开办公场所时，应关掉所有电源开关。

（3）使用合格的电器保护装置。严格按电器设备操作规程操作。

◆ 警示语

下班时　计算机　要关闭　断电源　再离去

办公桌　要干净　勤检查　好习惯　要养成

63. 照明灯泡爆炸

◆ 事件经过

某日，某仓库保管员到库房查货，在打开库房门按下照明灯开关时，只听“嘭”的一声，库房斜上方的一个照明灯泡应声而落，碎片四溅开来。幸好该员工还未走进房内，否则后果不堪设想。

◆ 原因分析

（1）灯泡质量欠佳，灯泡根部和根部的螺旋金属套之间松动脱落，使空气进入后，真空环境下的灯丝被氧化。由于灯泡的温度高，有空气时，高温致使灯泡爆炸。

（2）开灯瞬间通过钨丝的电流比正常工作的电流大，实际功率必然比额定功率(比如100W)大得多，因此发出明亮的强光。此时电流产生的热量比较多，钨丝的温度骤然升高，使钨丝上的少部分钨金属直接升华，灯泡内的气压迅速增大，远远大于灯泡外的大气压，使灯泡破裂。

◆ **防范措施**

（1）定期对库房内的照明灯进行检查，是否存在灯泡老化、松动的现象，定期进行更换。

（2）尽量安装带有外罩的照明灯，避免灯泡裸露在外。

◆ **警示语**

照明灯　要合格　安装时　装外罩　定时查　勤更换
开关时　要停顿　同时按　有危险　灯亮后　人再进

64. 电缆闪爆

◆ 事件经过

某日，某班组杨某指挥装载机平整一井场，施工时不小心把连接终端杆电控箱下的电缆推断了。杨某断开电源后即向作业区调度汇报后离开。随后班组另一名员工巡检时发现该井停抽，巡查发现终端杆上电控箱开关处于断开状态。这名员工以为是跳闸了，按习惯将控制箱开关合上。瞬间就听到不远处的地面发出噼噼啪啪的闪爆声，电控箱随之跳闸断开。

◆ 原因分析

（1）特种车作业时，现场人员安全监护不到位。

（2）未在故障区域拉安全警戒线，未对班组其他人员进行故障井交接。

（3）油井发生故障时，未认真巡检，查明故障。

◆ 防范措施

（1）特种车作业时，现场有关人员的安全监护应到位。

（2）在故障区域拉安全警戒线，并对班组其他人员进行故障井交接。

（3）油井发生故障时，应认真巡检，查明故障原因，并报请专业电工进行维修更换。

◆ **警示语**

特种车　在施工　施工员　要监护
设备停　查原因　电故障　莫动手
报调度　请电工　非电工　莫操作

65. 配电柜爆炸损毁

◆ 事件经过

某采油计量站员工在巡检时到泵房停输油泵，当该员工按下停泵按钮时，就听见配电室发出爆炸声，配电室的门被炸出 2m 远，配电柜起火，冒出滚滚浓烟，15min 后火焰熄灭。配电柜烧毁，木门被炸飞，钢窗变形，所幸该员工未在配电室启停输油泵。

◆ 原因分析

（1）线路老化破损，导致短路。天然气经各房间预留口慢慢渗漏到配电室和值班室电缆沟，聚集后碰到配电箱交流继电器动作产生火花，引起火灾爆炸。

（2）隐患排查工作不到位，对电缆预留口未进行封堵。

（3）对已存在天然气泄漏的井未做风险辨识及有效监控。

◆ **防范措施**

（1）应定期检查线路是否老化破损，发现问题及时整改。加强站区每个房间的通风，对站区值班人员加强安全教育，提高安全意识。

（2）加强隐患排查，对发现的隐患及时上报，同时必须制订出相应的安全措施，对电缆的预留口均进行有效封堵。

（3）对类似事故进行深入分析来警示员工，采取相应措施进行消除或预防，对已存在天然气泄漏的井要做好风险辨识及有效监控。

◆ **警示语**

计量站　电缆沟　穿墙过　要封堵
除隐患　保安全　时刻记　吸教训
防爆炸　防着火　懂风险　知防范

66. 巡检电弧灼伤手指

◆ 事件经过

某班组一名员工在对某抽油井进行巡检时，发现该井停抽，检查井口流程及设备无异常，按启停按钮启抽无果后检查配电箱，发现空气开关处于关闭状态。于是，站在侧面用左手合上空气开关送电，此时，交流接触器上部接线处短路放出瞬间电弧光，导致其左手拇指下端皮肤燎黑。

◆ 原因分析

（1）未检查及未发现配电箱线路及电缆有老化破损现象。

（2）空气开关与产生电弧的交流接触器安装位置太近。

（3）未定期对电气设备进行检修或检修不到位。

◆ 防范措施

（1）检查配电箱线路及电缆有无老化破损现象，

接地线及各触点接触完好。

（2）对于非正常停抽的设备，启动前要求服务方对配电箱进行检查，消除故障后再使用。

（3）定期对电气设备进行检修，发现问题及时整改。

◆ 警示语

抽油机　故障停　找电工　来整改　方启抽

配电箱　接线松　线老化　存风险　常巡检

三、特种作业类案例

特殊工种，特别要求；无证作业，决不允许。

任性操作，易出事故；出了事故，后悔已晚。

小心安全，别耍大胆；坚持规程，不惹祸端。

安全思想，不可放松；安全行为，保你平安。

67. 油罐车人员跌落

◆ 事件经过

某员工在储油罐台给一辆油罐车装油，在启泵装油10min后，该员工登上油罐车顶查看液位，当时该员工为了省事，直接从过道跳到车顶。由于车顶上有残油，该员工未站稳滑倒，从油罐车车顶摔下来。幸好地面是土路，只扭伤了手，没有造成太大伤害。

◆ 原因分析

（1）该员工违章作业。

（2）登高作业时，未采取相应的安全防护措施。

（3）油罐车车顶有残油，风险识别不到位。

◆ 防范措施

（1）严格按照操作规程作业，杜绝违章作业。

（2）登高作业时，要按照要求采取相应安全防护措施。

（3）作业前应对操作环境进行风险识别，做好防范措施。

◆ 警示语

油罐车　在高空　作业时　莫省事　按规程　严执行

不违章　不莽撞　警钟鸣　弦紧绷　事故出　祸端生

68. 吊车吊钩起吊脱钩

◆ **事件经过**

某日，某班组人员用吊车进行抽油机对中操作，吊车就位后，操作人员将吊车配备的“S”形吊钩一端挂在吊车吊钩上，另一端挂在抽油机底座上的承吊处，指挥吊车起吊，当吊起的一刹那，挂在抽油机底座上的“S”形吊钩突然脱出，弹至距操作人员 20 多米远的地方。

◆ **原因分析**

（1）操作人员未持有司索指挥操作证就指挥。

（2）未检查吊钩闭锁装置有无缺失或未采用封闭式吊钩进行作业。

（3）起吊前未试吊。

（4）起吊时现场人员未站在警戒线外或未拉警戒线。

◆ **防范措施**

（1）操作人员必须持有司索指挥证方能指挥吊车

起吊。

（2）根据起吊抽油机的部位检查并选择合适的吊具。

（3）起吊前应缓慢试吊。

（4）起吊时现场拉好安全警戒线，操作人员与被吊物保持一定的距离（警戒线外）。

◆ **警示语**

用吊车　要持证　先检查　再试吊

警戒线　要拉好　措施全　方作业

69. 特种车牵引钩断裂

◆ 事件经过

某日，某班组用泵车及装载机在管辖区域内进行油污池污油回收，泵车因路面湿滑，陷入泥坑。带车人员将装载机上备用的钢丝绳取出来挂在泵车前保险杠的牵引钩上，装载机第一、第二次牵引未成功。在第三次加足马力牵引时，泵车保险杠上的牵引钩齐根断脱，随着钢丝绳收缩反弹击出并击打在泵车左前方 15m 处。

◆ 原因分析

（1）工作前未对施工路面进行勘查。

（2）施救车辆没有请专业的拖车人员来操作。

（3）拖车时没有用专用的拖车工具。

（4）牵引车司机与前车动作配合不协调。

（5）牵引车司机没有确认安全距离和牵引重量。

◆ 防范措施

（1）特种车辆施工前应对施工地点进行仔细勘查。

（2）特种车需要拖车，应请专业拖车人员来操作。施救的车辆吨位应尽量大于前车吨位。

（3）拖车时应使用专用拖车工具，然后在保险杠处找到安装拖车工具的位置，并将工具拧紧。

（4）牵引车司机起步要慢，后车司机则应该注意与前车保持相同的速度，并尽量让拖车绳保持两端受力状态，与前车动作配合好，拖车才会顺利。

（5）确认安全距离和牵引重量。一般在柏油、水泥路面牵引时，安全距离为3~5m；在有水的柏油、水泥路面或泥泞路面牵引时，安全距离需延长1~2m。

◆ 警示语

特种车　作业前　施工路　要勘查

车陷坑　找专人　拖车绳　要专用

安全距　要保证　两司机　要配合

70. 液压钳吊钩无闭锁装置

◆ **事件经过**

某抽油机井在进行修井检泵返工作业时，修井监督人员在监督过程中发现卸油管的液压钳吊钩未安装闭锁装置，当时就要求修井方停止作业。试想一个100多千克的装置在使用中，需要承担井下几吨的重量，忽然掉落砸到人或物，后果都是不堪设想的。

◆ **原因分析**

（1）作业前未对使用设备进行安全检查。

（2）员工安全意识差，使用有故障的液压钳吊钩。

◆ **防范措施**

（1）作业前须对工作场所环境及使用的工具用具仔细进行检查，合格后方可施工。

（2）提高员工的安全意识，知风险、懂防范。

◆ 警示语

修井前　先检查　后作业

卸油管　用吊钩　要锁紧

有问题　及时改　保安全

71. 挖沟机作业碰头

◆ 事件经过

冬季某单井管线破损，某员工带挖沟机进行挖掘作业，在挖掘过程中，该员工在指挥挖沟机作业时，不知不觉就走到了挖掘范围内，导致挖沟机在运转中触碰到了该员工的头部，幸好戴着安全帽，才没有造成人身伤害。

◆ 原因分析

（1）指挥人员未保持安全距离，走到挖掘范围内指挥作业。

（2）挖掘作业区域没有设置安全警戒线。

◆ 防范措施

（1）指挥人员应按照特种作业规定，在安全范围内指挥作业。

（2）挖掘作业区域内应设置安全警戒线，以示警醒。

◆ 警示语

管线破　要挖掘　作业时　安全距　要保持

警戒线　要设置　区域内　需防范　保安全

72. 吊车吊装违章

◆ 事件经过

某日，某员工配合吊车进行管线吊装作业。在管线与地面还有1m左右距离时，管线出现左右摆动，为了把管线摆放整齐，该员工急忙上前用手去扶，结果手臂被管线撞上，造成碰伤。

◆ 原因分析

吊装作业中，违反《吊装作业安全管理规定》，该员工用手替代牵引绳。

◆ 防范措施

吊装任何物品都必须使用牵引绳，吊装作业属于特种作业，必须遵守《吊装作业安全管理规定》。

◆ 警示语

起吊活　须牢记“十不吊”最重要

无牵引　莫用手　无监护　莫操作

73. 修井检泵绷绳弹出

◆ **事件经过**

一日王某巡井时，看到附近一口井在修井检泵，一名修井工在固定钢丝绳往地下打固定桩子修井时，当他打好桩子，固定完绷绳往回走时，王某刚好从旁边经过，这时钢丝绳突然弹出，回弹了几下，甩在王某身边，幸好未伤及王某，那个修井工跑过来，重新固定。

◆ **原因分析**

（1）修井作业场所未设置安全警戒范围。

（2）巡井工与措施井施工现场未保持安全距离。

◆ **防范措施**

（1）修井作业前应在施工现场设置安全警戒线。

（2）非作业人员应与措施井施工现场保持安全距离。

◆ **警示语**

巡井时　按路线　遇施工　莫靠近

措施井　设警戒　钉桩子　要牢靠

钢丝绳　要绷紧　防弹出　不伤人

74. 带装载机平整场地摔伤

◆ 事件经过

某日，某员工带装载机平整场地，作业过程中为图沟通方便，该员工就站立在装载机驾驶室外面平台边缘指挥装载机作业，作业过程中装载机颠簸，该名员工跌落下来，造成轻度摔伤。

◆ 原因分析

（1）带特种车人员站在装载机驾驶座仓外指挥装载机司机平整场地属习惯性违章行为。

（2）该员工风险识别能力不到位，没有意识到站在装载机驾驶座仓外存在跌落摔伤的风险。

◆ 防范措施

（1）指挥人员应与装载机保持一定的安全距离。

（2）加强对风险辨识能力的培训，杜绝此类违章行为的发生。

◆ 警示语

带特车　需技能　手势全　方安全

车厢上　不可坐　要安全　保距离

四、交通类案例

珍惜生命，照章出行；人不斜穿，车不越线。

各行其道，安全可靠；交叉路口，看清再走。

无证开车，违法违规；酒后驾车，性命堪忧。

心无交规，路有坎坷；车可修复，人无来生。

75. 乘车不系安全带

◆ 事件经过

某班组人员乘班车下班途中，车上的员工都睡意蒙眬。在一个路口有人横穿马路，司机突然一个急刹车，一名员工被惯性甩出碰到了前排座位，幸好只是手被扭伤，没有造成严重后果。

◆ 原因分析

（1）班车司机遇突发事件时，操作不平稳。

（2）该员工未系安全带或安全带未系好。

（3）车长未做好监护、提醒、检查工作。

◆ 防范措施

（1）提高班车司机安全意识，平稳操作。

（2）乘车员工必须系好安全带。

（3）车长做好监护、检查工作，不系好安全带不发车。

◆ 警示语

车厢里　睡意浓　驾驶员　责任重　过路口　观四周　安全行　班车长　要监护　乘车人　安全带　要系牢　护自己　保安全

76. 抱玻璃乘车割伤

◆ 事件经过

某日，某员工因班组值班室窗户玻璃损坏，到作业区领取了新玻璃。因无专用车辆接送，该员工就直接将玻璃带到乘坐的班车上。班车在行进过程中，为防止玻璃颠碎，该员工就一直将玻璃抱在身上，行驶中班车突然一个小颠簸，导致该员工的下巴部位被玻璃轻微割伤。

◆ 原因分析

（1）将玻璃带上班车，与人员混装在一起，且没有对玻璃采取安全防护措施，属违章行为。

（2）该员工的风险识别不到位，没有意识到玻璃抱在身上有被割伤的风险。

◆ 防范措施

（1）严禁人、货混装，类似易碎物品应采取相应的安全防护措施，并由专门货运车辆运送。

（2）对员工进行风险辨识能力培训，防范类似案例。

◆ 警示语

送班车　员工坐　货与人　要分离

有风险　须防护　措施到　方安全

77. 下车摔倒致伤

◆ 事件经过

某员工下班车时，因右脚脚底打滑摔倒，左腿膝盖触地，站起来当时感觉无异常，后感觉左膝盖有点疼痛，送医后检查诊断为左髌骨骨折。

◆ 原因分析

（1）员工对环境风险识别不到位，下车时，没有注意脚下和观察地面情况导致摔伤。

（2）员工个人安全意识淡薄，自我安全防护意识差。

◆ 防范措施

（1）教育员工上下车时集中精力，注意脚下路面情况。

（2）加强岗位环境风险识别培训，提高自我安全防护能力。

◆ 警示语

上下车　要清醒　识风险　看路面
手扶好　慢下脚　平稳落　防摔倒

78. 班车下班途中员工缺氧

◆ 事件经过

某日下班途中，某女工突感身体不适。该员工脸色发白，十指紧握，询问后得知其感觉缺氧，立即要求司机打开车内外循环，并且停车。将该员工扶到车下空气流通处增加供氧，同时通知作业区，将其送往医院进行救护。

◆ 原因分析

（1）车窗密闭，未开启通风装置，环境气温高，造成员工缺氧。

（2）该员工健康状况异常。

◆ 防范措施

（1）密闭车辆应开启通风设施，对车内空气实行通风、对流，降低温度。

（2）高温环境，做好个人防护，注意劳逸结合。

◆ 警示语

送班车　发车前　班车长　勤提醒　车通风

人安全　有问题　快处理　打救护　送医院

五、工具类案例

进入现场，集中思想；一时疏忽，必出事故。

工具用具，安全使用；我不伤我，你不伤你。

自己安保，不可轻视；相互安保，人人受益。

平安是金，步步小心；生产工作，勿忘安全。

79. 使用管钳反弹脱出

◆ 事件经过

某日，一员工在巡检过程中发现，某抽油井出现光杆不下的生产故障。该员工待修井监督员到后进行现场检查，初步判断是抽油杆断脱，即采取用管钳盘光杆的方法来验证抽油杆是否断脱。在盘光杆过程中，因管钳吃上劲时，该员工手未抓紧管钳，管钳突然逆转回弹，滑脱飞出井场外，幸好躲闪及时，没有造成伤人事故。

◆ 原因分析

（1）“驴头”载荷未卸就盘光杆属违章行为。

（2）该员工风险识别不到位，操作时注意力不集中。顺时针盘动不带负荷的光杆是判断光杆或抽油杆断脱的方法之一，盘动过程中扭矩过大，使光杆抽油杆形成较大的反转扭力，致使在松手后反弹力较大，容易造成人身伤害。

◆ 防范措施

（1）严格按操作规程操作，“驴头”载荷卸去后方能盘动光杆旋转。

（2）识别风险，加强防范，盘动过程中精力集中，注意判断，操作过程中正确使用工具用具，平稳操作，做好现场监护。

◆ 警示语

杆管脱　用管钳　量光杆　验故障

扭矩大　要抓紧　防反弹　防伤害

80. 脚踩管钳钳柄折断伤人

◆ 事件经过

两名员工对某稠油井进行拌热操作。在倒流程过程中，因一阀门太紧不易开动，就用管钳卡住阀门，一名员工站在管钳钳把上加力使劲往下踩，结果致使管钳钳把折断，这名员工摔在地上，管钳头弹出打到另一名员工的眉骨上，幸好都无大碍。

◆ 原因分析

（1）未正确使用工具用具，脚踩管钳加力属习惯性违章（所带管钳不合适）。

（2）阀门没有定期进行维护保养。

（3）缺乏安全意识，自我防护意识差，风险识别不到位。

◆ 防范措施

（1）正确使用工具用具（选用合适工具），开关阀门人站侧面，平衡操作。

（2）阀门应定期进行保养维护，保证其开关灵活好用。

（3）加强工具用具使用知识及风险知识的培训。

◆ 警示语

开阀门　工用具　要正确　勿蛮开

阀门紧　别着急　先保养　再开启

81. 使用扳手打滑伤人

◆ 事件经过

某日早上，某班组长带着一名巡检人员检查更换油嘴操作。检查更换完油嘴在恢复流程时，班组长用手开回压阀，在打不开的情况下，让该巡检人员使用 F 扳手协助打开阀门。巡检人员握住 F 扳手以半蹲姿势向上使力开启阀门，班长则蹲在回压阀另一侧（工具使用半径内），用手辅助开启回压阀。操作中 F 扳手突然打滑，连人带 F 扳手撞向对面班组长，致使班组长头部左上方撞了个大包。

◆ 原因分析

（1）未平稳操作，使用工具不当，导致工具滑脱。开关阀门人未站侧面，未缓慢打开，用力过大，致使巡检人员在扳手滑脱时失去重心。

（2）班组长所处位置位于工具使用半径范围内。

（3）回压阀未按时进行保养维护，导致阀门开关不灵活。

（4）员工风险辨识不到位，自我防护能力较低。

◆ 防范措施

（1）正确使用工具用具，操作中控制用力方向，平稳操作，及时清理现场杂物，开关阀门人站侧面，缓慢开启。

（2）工具使用半径内禁止站人。

（3）定期对阀门进行维护保养，确保阀门开关灵活。

（4）操作前熟知风险与防范措施。

◆ 警示语

用工具　倒流程　操作稳　工作区　不站人

阀门处　常保养　遇问题　知风险　会处理

82. 戴手套使用铜棒敲击伤手

◆ 事件经过

某日，张某和王某进行输油泵维护保养作业，在保养过程中发现输油泵的联轴器有裂痕，决定更换。在更换过程中，张某进行对中，王某用铜棒配合敲击。王某在没有摘掉手套用铜棒敲击时，铜棒打滑，方向偏移，向着张某的手砸去，致使张某手指受伤。

◆ 原因分析

（1）王某戴手套使用铜棒敲击，违反安全操作规程。

（2）张某在知道有安全隐患的前提下，抱有侥幸心理，没有制止王某继续作业。

（3）员工风险识别不到位，没有意识到戴手套敲击有工具滑脱的风险。

◆ 防范措施

（1）正确使工具用具，杜绝习惯性违章。

（2）任何操作都不能抱侥幸心理，应严格按操作规程操作。要相互配合、相互监督、相互提醒，防范风险。

（3）加强培训，提高风险识别能力。

◆ 警示语

用铜棒　去手套　抱侥幸　违规程

出事故　害自己　好习惯　要养成

三不伤　保生产　有防范　方平安

83. 消防演练时发生窒息

◆ 事件经过

某年安全月，在生产现场进行消防演练。在演练过程中，一名员工在地面将灭火器安全销拔出，提灭火器来到着火现场，压下灭火器手柄，匆忙中没有抓紧喷嘴，由于压力作用灭火器喷嘴四下摇摆，大量干粉喷到该员工嘴里、脸上，差点窒息。

◆ 原因分析

（1）未严格按操作规程操作，喷嘴未抓紧。

（2）未平稳操作，消防器材使用不熟练。

◆ 防范措施

（1）严格按操作规程操作，灭火时一定要选择风向，人站在上风处操作。

（2）加强消防器材操作的培训，使其熟练掌握消防器材使用方法和实际演练程序，提高操作能力。

◆ 警示语

灭火器　灭火时　上风口　要选择　防伤害

喷嘴处　需抓牢　平日里　多练习　促提高

84. 紧密封填料盒压盖手柄断裂摔倒

◆ **事件经过**

某日，李某对一抽油机井巡检，发现该井密封填料盒压盖松了，即用管钳紧压盖的手柄调整压盖松紧度。因用力过大，压盖的手柄突然断裂致使李某直接摔倒在地，腰部扭伤。

◆ **原因分析**

（1）未正确使用工具用具，操作不平稳。

（2）用管钳紧压盖手柄，使手柄承压大，最终断裂。

（3）该员工风险识别不到位，未预料到压盖手柄会突然断裂的风险存在。

◆ **防范措施**

（1）正确使用工具用具，操作中用力要平稳。

（2）压盖手柄不能用管钳当加力杠来调整，只能用手调整。

（3）加强员工风险辨识能力的培训，使其知道风险和防范措施。

◆ **警示语**

紧压盖　用手柄　力适当

防断裂　稳操作　防摔倒

85. 调冲程吊链连接钢丝绳突然断脱

◆ **事件经过**

在一次由四人配合进行的抽油机调冲程操作项目的技能竞赛训练中，停机，卸去“驴头”负荷，两名员工将一吊链挂在“驴头”上并用钢丝绳连接于井口，另两名员工将另一吊链挂在游梁尾部并用钢丝绳连接于减速箱，在调整吊链松紧过程中，挂在游梁尾部的吊链钢丝绳突然断脱，固定的抽油机游梁出现了摆动，幸好钢丝绳是在拉吊链承压过程中断脱，如在操作人员拆装连杆固定螺栓或拆卸曲柄销子等步骤时断开，就有可能造成人身伤害或设备损坏的事故。

◆ **原因分析**

（1）操作前未对工具用具进行检查。

（2）钢丝绳长期使用，存在老化破损现象，未及时更换。

（3）现场人员风险防范识别能力不到位。

◆ **防范措施**

（1）操作需确认工具用具齐全、完好。

（2）经常性使用且易损件应定期进行更换。

（3）加强对人员风险辨识能力的培训，提高防范意识。

◆ **警示语**

工用具　要检查　选规格　要合适

易损件　定期换　存隐患　有风险

86. 工具用具抛扔伤人

◆ **事件经过**

某日，某班组两名员工对抽油机进行一级保养操作，一名员工站在抽油机爬梯上对抽油机中轴承加注润滑油。因黄油枪内的润滑油加注完需重新添加。该员工为了省事，就从支架上往下扔黄油枪给地面上的另一名员工，这名员工在接住黄油枪时，枪头部位突然弹开，将其头部碰伤。

◆ **原因分析**

（1）抛扔工具用具属习惯性违章作业。

（2）两名员工对风险识别不到位，未能意识到抛扔工具会造成人身伤害。

（3）相互监督不到位，未对违章作业进行制止。

◆ **防范措施**

（1）操作中严禁抛扔工具用具，需要时用索引绳进行传递。

（2）加强对风险辨识能力的培训，杜绝类似的违章行为。

（3）两人操作时，要做到相互监督、相互配合。

◆ **警示语**

工用具　需传递　不抛扔　下来取

上去送　用绳递　都可行　要切记

六、其他类案例

一人违章，众人遭殃；一人安全，全家幸福。

大事化小，教训难找；小事化了，后患不少。

疏忽一时，痛苦一世；多看一眼，安全保险。

多防一步，少出事故；居安思危，常抓不懈。

87. 配汽间烫伤手臂

◆ 事件经过

某日，一员工在打扫配汽间卫生时，因配汽间温度较高，该员工即将工服袖口高高卷起，手臂不小心触碰到高温高压的注汽管线，造成手臂轻微烫伤。

◆ 原因分析

（1）未按规定“三穿一戴”。

（2）安全意识淡薄。

◆ 防范措施

（1）劳保及防护用品准备齐全，穿戴整齐。

（2）加强员工技能培训，增强安全意识。

◆ 警示语

工作服　穿戴好　袖口处　要系好

防伤害　护自己　不受伤　不违章

88. 屋檐冰凌掉落伤人

◆ 事件经过

某年初春，气温回暖，某计量站屋顶上的积雪逐渐融化，冰水顺着屋顶坡面流下，在屋檐处形成了冰凌。某操作人员在站区巡检时，屋檐冰凌突然坠落，砸到该员工肩上使其受伤。

◆ 原因分析

（1）积雪逐渐融化，未组织人员及时清理。

（2）未拉警戒线或挂安全标识牌，提醒员工注意安全。

（3）员工安全意识淡薄。

◆ 防范措施

（1）树立各岗位区域管理意识，加强对各岗位区域屋檐挂冰的巡检，及时清理屋檐上的积雪，在挂冰产生时就进行处理，并形成常态化管理。

（2）班前讲话时进行安全提示。在没来得及清理屋檐挂冰的情况下，应及时拉警戒线或挂安全标识牌，提醒员工注意安全。

（3）加强员工安全知识培训，提高员工的安全意识。

◆ 警示语

初春到　积雪化　屋檐下　变冰柱
有隐患　及时除　有措施　要到位
警戒线　拉一拉　标识牌　挂一挂
安全话　讲一讲　无伤害　都平安

89. 配汽间盖板侧翻导致摔伤

◆ 事件经过

某日，某班组一名员工到配汽间进行倒流程作业，在进入配汽间脚踏上管线坑道上部的盖板时，盖板侧翻，该员工掉入管线坑内，导致膝盖受伤。

◆ 原因分析

（1）配汽间管道盖板未按要求安装，存在缺陷。

（2）员工对环境观察不仔细，自我保护能力不强。

（3）未定期对设备设施隐患进行排查。

◆ 防范措施

（1）按要求安装配套的管道盖板。

（2）加强员工安全、技能知识培训，提高员工的安全意识。

（3）定期对设备设施隐患进行排查，及时消除存在的缺陷，防止造成人身伤害。

◆ 警示语

进房间　先观察　踩踏时　须注意

有塌陷　须汇报　整改后　要验证

确正常　方作业　自安全　家庭安

90. 体能测试受伤

◆ 事件经过

某日，一员工参加技能鉴定前体能项目的达标测试，该员工在没有做任何热身运动的前提下，就直接参加了较剧烈的跳绳项目的达标考核，结果右脚不慎扭伤。

◆ 原因分析

（1）测试前，没有按要求进行考核前的热身活动。

（2）组织人员监护不到位。

（3）考评人员没有告之体能考核当中的安全风险及防范措施。

◆ 防范措施

（1）体能测试前，认真做好考试前热身活动。对活动中负荷较大和易受伤的身体部位应特别做好准备活动。

（2）组织者应确保每一位员工在考核前都进行一段时间的热身活动。

（3）考评人员应在考核前明确体能考核当中的安全风险及防范措施。

◆ 警示语

做运动　先热身　放轻松
组织者　预防性　要想到
考评员　风险源　要说到
监护好　不受伤　全做到

91. 库房领取材料受伤

◆ 事件经过

某日，作业区派两名员工到库房领取输油泵泵头，两名员工领取后因泵头较重，两人就用木棒抬起往车上放。其中一名员工在抬起时因用力不当，弃泵闪身躲开，导致另一名员工手臂扭伤。

◆ 原因分析

（1）两人同时操作配合不好（没有商量好同时抬泵的步调）。

（2）泵头与木棒没有固定，造成滑动后弃泵。

◆ 防范措施

（1）多人作业时，务必同起同落，步调一致。

（2）泵头与木棒应固定，抬起时不能滑动。

◆ 警示语

库房中　领材料　设备重　需配合

抬物时　找力矩　先试运　固定好

不滑动　再用力　互协作　防受伤

92. 扶梯滑移倾倒

◆ 事件经过

某日，某员工清理库房货架物品。在清理到货架最上层物品时，因货架太高无法清理，该员工就拿来一架扶梯架在货架上，在登扶梯的过程中，因水泥地面光滑，梯子摆放角度不合适，又无人把扶监护，梯子突然失稳滑移倾倒，致使该员工腿部磕伤。

◆ 原因分析

（1）扶梯摆放不规范，角度不合适而失稳。

（2）无人把扶监护。

◆ 防范措施

（1）使用扶梯时角度应合适，确定稳当后再作业。

（2）加强安全管理，登高作业一定要有监护人，作业前要有安全提示。

◆ 警示语

登扶梯　上高处　存风险　要保护　查角度　确稳固
监护人　把梯扶　边提示　边监护　不伤害　保平安

93. 冬季滑倒摔伤

◆ **事件经过**

某年冬天，某采油岗位员工到该站一单井储油罐拉油。该员工在打开放油阀门后发现手套有些潮湿，就去值班室烤手套，在走到操作间房头时，脚踩到地面冰上滑倒，造成左脚外踝骨骨折。

◆ **原因分析**

（1）操作间房头地面上有冰，没有及时处理，防范措施不到位。

（2）采油班班长管理职责不落实，没有对“冬季八防”[1]各项措施进行具体检查。

（3）该员工对当日班前安全讲话“防滑安全提示”重视程度不够，没有采取有效的安全防范措施。

◆ **防范措施**

（1）组织全员认真开展生产岗位隐患排查活动，

---

[1] “冬季八防”是指防冻凝、防滑、防火、防爆、防中毒、防人身伤害、防触电、防交通事故。

切实消除此类安全隐患，防止类似事故发生。

（2）认真落实班前安全讲话制度，要结合工作实际及季节特点，有针对性地进行风险提示，落实防范措施。认真落实“冬季八防”各项内容，在降雪后应积极组织清理辖区道路积雪和积冰，消除滑跌受伤的安全隐患。

（3）加强员工安全培训与教育，认真开展岗位安全风险评价活动，使其了解本岗位的危险因素，掌握预防事故的方法，提高防范事故的能力。

◆ 警示语

冬季里　工作时　路有冰　及时清
头要低　脚要抬　安全话　记心中
冬八防　要牢记　全做到　都安全

94. 安装玻璃伤人

◆ 事件经过

某日，王某更换房间玻璃，安装好玻璃后，由于没有玻璃卡子，王某想用泥子先将玻璃固定一下，在去取卡子拿泥子的那一刻，一阵风刮过，玻璃掉下来，正好砸在王某的头项。

◆ 原因分析

（1）操作时工具用具未准备齐全。

（2）未将玻璃取下，想先用泥子固定再取卡子，风险辨识不到位。

◆ 防范措施

（1）操作时应将工具用具准备齐全后再操作。

（2）清楚风险因素，玻璃应先取下来，取回卡子后再按要求操作。

◆ 警示语

换玻璃　工用具　摆到位

安装时　用卡子　先卡好　抹泥子　才牢固

95. 跨管线扭伤

◆ 事件经过

某日，巡检岗位人员刘某，在巡检结束后，想走近路回站区，经注汽总线时，直接跨越管线，在落地的一瞬间，左脚未站稳，造成扭伤，经医院确诊为左脚踝处骨折。

◆ 原因分析

（1）未按巡检路线进行巡检。

（2）违章跨越管线。

◆ 防范措施

（1）按巡检路线进行巡检。

（2）遇管线时，应绕行或走跨桥穿越管线。

◆ 警示语

巡检时　按路线　来作业

有管线　不跨越　要绕行

选平路　走跨桥　不伤害

96. 下罐区平台未扶扶梯摔伤

◆ 事件经过

某日，一员工在罐区倒阀门。倒完阀门后，在下平台的时候，因手上拿着 F 扳手和手套，就没有用手去扶平台扶梯，直接往下走，脚没有踏稳，脚下打滑直接坐在了梯子上，造成皮肤被擦伤，臀部疼痛了好几天。

◆ 原因分析

（1）违反上下扶梯操作规程，属违章行为。

（2）班前安全讲话不到位。

◆ 防范措施

（1）严格按照操作规程作业，上下扶梯必须手扶扶梯。

（2）加强班前安全讲话。

◆ 警示语

下平台 莫忘记 手扶梯 脚踏稳 安全话 记心里

97. 计量站房顶水泥片坠落

◆ **事件经过**

某日中午，某计量站一名员工完成工作后，返回计量站开值班室门锁，拉开门瞬间，被一长23cm、宽 10cm、 厚 1.5cm 的屋檐风化松动水泥片坠落物击中头部，被送往医院治疗。

◆ **原因分析**

（1）由于门较紧，用力拉门时产生震动，导致原本松动的水泥片坠落。

（2）员工对屋檐风化松动水泥片可能发生坠落的风险认识不足。

（3）班组统一清理屋檐松动风化物不到位。

◆ **防范措施**

（1）组织班组全面检查，重点清理员工进出门上部屋檐坠落物。

（2）对风化较严重、无法及时清理的坠落物，上报作业区并制订防范措施。

（3）将此次案例教训，分享给每位现场员工。

◆ 警示语

屋檐下　莫走动　开门窗　要注意　轻用力

四周巡　有隐患　早处理　防落物　防砸伤

98. 巡检中脚下踏空受伤

◆ **事件经过**

某班组成员，带领检查小组成员一行三人进行生产井的放压及抽油设备运行的隐患排查工作。按照巡检路线巡检至某两井中间路段，道路平坦，一名员工右脚向前迈步时，左脚地面突然下陷。身体随着左脚下沉（将近40～50cm）身体向前倾斜，当时就感觉左小腿肚疼痛，走路有点困难。当时该名成员觉得问题也不大，继续坚持巡完了井。下班后去医院检查，诊断为右腓骨小头骨折。

◆ **原因分析**

（1）经现场查看，巡检路线道路平坦，因雨水冲刷渗入地下，使路面下形成空洞，人员不易发现路面有问题，致使该员工踏空摔倒，导致右腓骨小头骨折。

（2）行走时注意力不集中，未辨识到地面孔洞有塌陷的风险。

◆ **防范措施**

（1）加强员工安全教育，提高员工自身保护安全意识。加强对巡检路线雨水冲刷及老鼠洞隐患排查治理。

（2）严格按照巡检路线巡检。作为安全经验分享，及时向现场员工进行通报，做到全员知晓。

◆ **警示语**

巡检时　按路线　来巡检　注意力　要集中

头要低　脚要抬　障碍物　要清除　免受伤

99. 垃圾堆着火

◆ **事件经过**

某日，某站组织人员清理油井区周边垃圾。大家将捡拾的垃圾都堆在了计量房旁边，准备安排车辆拉走。就在大家等车休息的时候，发现外面垃圾堆有烟雾，开始大家都没有在意，结果在风的作用下，垃圾堆着起了火，火越烧越猛烈，眼见威胁到周边油井区，大家赶紧拿灭火器及水过去灭火，周围站区的人也赶过来帮忙，火势得到控制，最终将火熄灭。

◆ **原因分析**

（1）事后了解是一名员工在外面抽烟，将烟头扔进垃圾堆中。

（2）站区人员没有及时处理堆放的易燃物品垃圾。

（3）火灾未消灭在萌芽状态。

◆ **防范措施**

（1）员工安全意识不可松懈、不可麻痹大意，时刻牢记安全是企业的生命，做到警钟长鸣。

（2）安全隐患无论大小都应及时排除，小隐患往往会酿成大事故。

（3）践行“安全第一、预防为主”的安全生产准则，突发事件应按照应急预案果断处理。

◆ 警示语

清垃圾　要牢记　堆积好　及时清

易燃物　要留心　小隐患　不排除　一着火　酿案例

100. 瓶装矿泉水引发车辆物品自燃

◆ 事件经过

某年夏季，某人带家人开车外出游玩，车上放着矿泉水及报纸、杂志，到达目的地后，将车停在一旁，一家人下车野餐、游玩。随着夏日阳光越来越强烈，整个车都暴晒在阳光下，等他们野餐完毕，准备开车回家时，打开车门闻到一股烧焦味道，一检查发现车座包被烧坏，车前的报纸也有烧焦的痕迹。

◆ 原因分析

（1）发生燃烧产生的因素：阳光照射的角度、瓶子呈圆弧凸起状，瓶子中装满水，阳光反射到易燃物质上引起着火。

（2）纸张不容易着火，但并不意味着它不着火，经过实验证明，在强光照射下，不超过30s就会出现燃烧现象。

◆ 防范措施

（1）不要把瓶子留在汽车里（或放在建筑物窗户旁），如果可以尽可能把它们遮盖上。

（2）最好使用特制的或者不透明的水瓶，而非玻璃瓶或者塑料瓶。

◆ 警示语

有车族　出行时　车厢内　要安全
易燃物　莫放入　停车位　要选择
下车后　要检查　无隐患　再游玩